Schmitz/Krings/Dahlhaus/Meisel

Baukosten '95/96
Band 1
Instandsetzung, Sanierung
Modernisierung, Umnutzung

Leistungsbereichsnummern (StLB)

Abbrucharbeiten 920
Abdichtungsarbeiten gegen Wasser 018
Abscheideranlagen, Kleinkläranlagen 011
Abwasserinstallationsarbeiten
  Leitungen, Abläufe u. Abscheider 044
Allgemeine Standardbeschreibungen 099
Architektenleistungen 991
Aufzüge, Treppen, Fahrsteige 069

Batterien 056
Bauleistungen für Kabelanlagen 051
Baunebenkosten 990
Baunebenkosten, sonstige 999
Baustelleneinrichtung 000
Behördliche Prüfungen/Abnahme 998
Beschlagarbeiten 029
Beton- und Stahlbetonarbeiten 013
Betriebliche Einbauten 941
Blitzschutz- und Erdungsanlagen 050
Bodenbelagarbeiten 036
Brunnenbauarbeiten, Aufschlußbohrungen 005

Dachabdichtungsarbeiten 021
Dachdeckungsarbeiten 020
Drainarbeiten 010
Druckrohrleitungen für Gas, Wasser und Abwasser 043

Elektroakustische Anlagen 060
Empfangsantennenanlagen 065
Entwässerungskanalarbeiten 009
Erdarbeiten 002
Ersatzstromversorgungsanlagen 055
Erschließung, öffentliche 981
Erschließung, nichtöffentliche 982
Estricharbeiten 025

Fachberater, sonstige 996
Fassadensanierung 906
Fernmeldeleitungsanlagen 061
Fernsehtechnische Anlagen 064
Fernsprechanlagen 062
Fertigfenster 901
Fertigtreppen 911
Fertig-Dachelemente 912
Fertig-Türelemente 902
Fertig-Wandelemente, außen 903
Fertig-Wandelemente, innen 904
Feuerlöschanlagen, Feuerlöschgeräte 049
Finanzierungskosten 997
Fliesen- und Plattenarbeiten 024

Garten-/Landschaftsplanung 995
Gas-, Wasser- u. Abwasserinst.-Arbeiten
  — Betriebseinrichtungen 046
  — Einrichtungen 045
  — Leitungen u. Armaturen 042
Gebäudereinigungsarbeiten 033
Gebäudetechnik demontieren 921
Gerüstarbeiten 001
Gerät 931
Grundstück 980

Haustechnik, sonstige Leistungen 949
Heizungs- u. zentrale Brauchwassererwärmungsanlagen 040

Ingenieurleistungen
  — Tragwerksplanung 992
  — HLW-Technik 993
  — Elektrotechnik 994

Klempnerarbeiten 022
Korrosionsschutzarbeiten an Stahl-
  und Aluminiumkonstruktionen 035

Landschaftsbauarbeiten 003
  — Pflanzen 004
Lehmbauarbeiten 900
Leuchten und Lampen 058

Maler- und Lackiererarbeiten 034
Mauerarbeiten 012
Meldeanlagen 063
Metallbau- und Schlosserarbeiten 031
Mittelspannungsanlagen 052

Naturwerksteinarbeiten/Betonwerksteinarbeiten 014
Niederspannungsanlagen 053

Parkett- und Holzpflasterarbeiten 028
Putz- und Stuckarbeiten 023

Raumlufttechnische Anlagen
  — Einzelgeräte 076
  — Kälteanlagen 078
  — Luftverteilungssysteme 075
  — Schutzräume 077
  — Zentralgeräte 074
Regelung u. Steuerung f. heiz-, raumluft- und sanitärtechnische
  Anlagen 070
Rolladenarbeiten 030

Sonstige Abgaben/Erschließung 989
Sonstige Konstruktionen 919
Stahlbauarbeiten 017
Straßen, Wege, Plätze 080
Systemdecken 910

Tapezierarbeiten 037
Tischlerarbeiten 027
Trockenbauarbeiten 039

Untertagebauarbeiten 007

Verbau-, Ramm- und Einpreßarbeiten 006
Verglasungsarbeiten 032

Wärmedämm-Verbundsysteme 905
Wasserhaltungsarbeiten 007
Wärme- u. Kältedämmarbeiten an betriebstechn. Anlagen 047
Wärmedämm-Verbundsysteme 905

Zentrale Leittechnik für betriebstechn. Anlagen 067
Zimmer- und Holzbauarbeiten 016
Zusätzliche Maßnahmen Bauwerk 918

000 Baustelleneinrichtung
001 Gerüstarbeiten
002 Erdarbeiten
003 Landschaftsbauarbeiten
004 Landschaftsbauarbeiten — Pflanzen
005 Brunnenbauarbeiten u. Aufschlußbohrungen
006 Verbau-, Ramm- und Einpreßarbeiten
007 Untertagebauarbeiten
008 Wasserhaltungsarbeiten
009 Entwässerungskanalarbeiten
010 Drainarbeiten
011 Abscheideranlagen, Kleinkläranlagen
012 Mauerarbeiten
013 Beton- u. Stahlbetonarbeiten
014 Naturwerksteinarbeiten, Betonwerksteinarbeiten
016 Zimmer- u. Holzbauarbeiten
017 Stahlbauarbeiten
018 Abdichtungsarbeiten gegen Wasser
020 Dachdeckungsarbeiten
021 Dachabdichtungsarbeiten
022 Klempnerarbeiten
023 Putz- u. Stuckarbeiten
024 Fliesen- u. Plattenarbeiten
025 Estricharbeiten
027 Tischlerarbeiten
028 Parkett- u. Holzpflasterarbeiten
029 Beschlagarbeiten
030 Rolladenarbeiten
031 Metallbau- u. Schlosserarbeiten
032 Verglasungsarbeiten
033 Gebäudereinigungsarbeiten
034 Maler- und Lackiererarbeiten
035 Korrosionsschutz an Stahl- u. Aluminiumbaukonstruktionen
036 Bodenbelagarbeiten
037 Tapezierarbeiten
039 Trockenbauarbeiten
040 Heizungs- u. zentrale Brauchwassererwärmungsanlagen
042 Gas- u. Wasserinstallationsarbeiten
  —Leitungen und Armaturen
043 Druckrohrleitungen für Gas, Wasser und Abwasser
  Abwasserinstallationsarbeiten
044 — Leitungen, Abläufe u. Abscheider
  Gas-, Wasser- u. Abwasserinst.-Arbeiten
045 — Einrichtungsgegenstände
046 — Betriebseinrichtungen
047 Wärme- u. Kältedämmarbeiten an betriebstechnischen Anlagen
049 Feuerlöschanlagen, Feuerlöschgeräte
050 Blitzschutz- und Erdungsanlagen
051 Bauleistungen für Kabelanlagen
052 Mittelspannungsanlagen
053 Niederspannungsanlagen
055 Ersatzstromversorgungsanlagen
056 Batterien
058 Leuchten und Lampen
060 Elektroakustische Anlagen
061 Fernmeldeleitungsanlagen
062 Fernsprechanlagen
063 Meldeanlagen
064 Fernsehtechnische Anlagen
065 Empfangsantennenanlagen
067 Zentrale Leittechn. für betriebstechn. Anlagen
069 Aufzüge, Fahrtreppen, Fahrsteige
070 Regelung u. Steuerung für heiz-, raumluft- und sanitärtechnische
  Anlagen
  Raumlufttechn. Anlagen
074 — Zentralgeräte
075 — Luftverteilsysteme
076 — Einzelgeräte
077 — Schutzräume
078 — Kälteanlagen
080 Straßen, Wege, Plätze
099 Allgemeine Standardbeschreibungen

900 Lehmbauarbeiten
901 Fertigfenster
902 Fertig-Türelemente
903 Fertig-Wandelemente, außen
904 Fertig-Wandelemente, innen
905 Wärmedämm-Verbundsysteme
906 Fassadensanierung
910 Systemdecken
911 Fertigtreppen
912 Fertig-Dachelemente
918 Zusätzliche Maßnahmen Bauwerk
919 Sonstige Konstruktionen
920 Abbrucharbeiten
921 Gebäudetechnik demontieren
941 Betriebliche Einbauten
942 Gerät
949 Haustechnik, sonstige Leistungen
980 Grundstück
981 Öffentliche Erschließung
982 Nichtöffentliche Erschließung
989 Sonstige Abgaben/Erschließung
990 Baunebenkosten
991 Architektenleistungen
992 Ingenieurleistungen Tragwerksplanung
993 Ingenieurleistungen HLW-Technik
994 Ingenieurleistungen Elektrotechnik
995 Garten-/Landschaftsplanung
996 Sonstige Fachberater
997 Finanzierungskosten
998 Behördliche Prüfung/Abnahme
999 Sonstige Baunebenkosten

Verzeichnis der Leistungsbereichsnummern

BAUKOSTEN

Instandsetzung, Sanierung, Modernisierung, Umnutzung

Arbeitshilfen zur Konstruktionswahl und Planung,
Kostenschätzung und Kostenberechnung

Bearbeitet von:

Heinz Schmitz †
Edgar Krings
Ulrich J. Dahlhaus
Ulli Meisel

10. bearbeitete Auflage

Stand: 1995

Verlag für Wirtschaft und Verwaltung Hubert Wingen · Essen

Die in den Baukostenkatalogen angegebenen Werte sind von den Bearbeitern sorgfältig und gewissenhaft ermittelt worden.
Wir müssen aber auf die vielfältigen Kosteneinflußfaktoren aufmerksam machen. **Deshalb muß jeder angegebene Wert eigenverantwortlich geprüft werden.**

Deshalb kann auch der Verlag für die Richtigkeit der Werte keine Haftung übernehmen.

Alfredistraße 32 · 45127 Essen · Tel. 0201/222541 · Fax: 0201/229660

ISBN 3-8028-0245-4 Art. Nr. 223002

Druck: Druckerei Runge GmbH, Cloppenburg

Bestellung

Tel.: 0201/222541
FAX: 0201/229660

Verlag für Wirtschaft und
Verwaltung Hubert Wingen

Postfach 103824

45038 Essen

Absender:

Name

Straße

PLZ / Ort

Hiermit bestelle(n) ich/wir beim Verlag für Wirtschaft und Verwaltung Hubert Wingen GmbH + Co · Alfredistraße 32 · 45127 Essen unter Beachtung der Bedingungen des Lizenzvertrages (siehe Rückseite)

Software: Bauteilkosten — BTK

☐ **BTK-Programm — Version 4.0** DM 350,—*

Dieses Programm wertet die Bauteilkostendateien aus

☐ Windows-Version ☐ MS-DOS-Version

☐ **Datensatz:**
BTK-Neubau von Ein- und Mehrfamilienhäusern 1995/96 DM 200,—*

Die Bauteiltexte und -preise des Bauteilkataloges „Neubau '95/96" werden vollständig zur Verfügung gestellt

☐ Windows-Version ☐ MS-DOS-Version

☐ **Datensatz:**
BTK-Altbau DM 200,—*

Die Bauteiltexte und -preise des Bauteilkataloges „Instandsetzung, Sanierung, Modernisierung, Umnutzung '95/96" werden vollständig zur Verfügung gestellt.

☐ Windows-Version ☐ MS-DOS-Version

☐ **BTK-Editor — Version 4.0** DM 350,—*

Mit diesem Zusatzmodul können die Baukostendateien individuell ergänzt und erweitert werden. Eigene Kostendateien können aufgebaut werden, die durch das BTK-Programm ausgewertet werden.

* zuzüglich Mehrwertsteuer, ab Verlag

Zahlung

☐ Vorkasse ☐ Nachnahme

☐ Ich/wir ermächtigen den Verlag den Rechnungsbetrag von meinem/unseren Konto Nr.: ______________________, BLZ: ______________

Bank: ____

abzubuchen

____
Ort / Datum / Unterschrift

Lizenzvertrag

1. Geltung der Vertragsbedingungen

Neben diesen Vertragsbedingungen gelten die Ihnen bekannten Liefer- und Zahlungsbedingungen des Verlages. Die Bedingungen des Lizenzvertrages haben Vorrang vor den Liefer- und Zahlungsbedingungen des Verlages.

2. Vertragsgegenstand

2.1 Gegenstand des Vertrages ist das auf Diskette gelieferte Programm, die Programm- und Bedienungsbeschreibung. Der Verlag macht darauf aufmerksam, daß es nicht möglich ist, ein Programm zu erstellen, das in allen Anwendungen und Kombinationen mit Sicherheit fehlerfrei arbeitet.

2.2 Der Verlag gewährt die Nutzung (Lizenz) des Programmes räumlich und zeitlich beschränkt. Das Programm darf nur vom Lizenznehmer persönlich und nicht an verschiedenen Geräten und Orten gleichzeitig genutzt werden.

Die Lizenz ist nicht auf Dritte übertragbar.

2.3 Die Lizenz erlischt, wenn gegen die Regelungen des Lizenzvertrages verstoßen wird.

3. Vervielfältigung

Das Programm und seine Daten sind urheberrechtlich geschützt. Eine Vervielfältigung — außer zu Sicherungszwecken — und Weitergabe an Dritte ist nicht erlaubt.

4. Gewährleistung

4.1 Der Verlag bietet unter Beachtung von Nr. 2.1 Gewähr, daß die Diskette, auf der das Programm und die Dateien aufgezeichnet sind, unter normalen Betriebsbedingungen und normaler Instandhaltung technisch fehlerfrei ist.

Sollte dies nicht der Fall sein, so kann der Lizenznehmer innerhalb von 14 Tagen nach Zustellung eine Ersatzlieferung verlangen. Ist Ersatz nicht möglich, so kann der Lizenznehmer Minderung oder Rückgängigmachung des Vertrages verlangen.

4.2 Da es nach dem Stand der Technik nicht möglich ist, ein Programm mit Sicherheit völlig fehlerfrei zu erstellen, können Verlag und Autor keine Gewähr dafür übernehmen. Dem Lizenznehmer stehen aber die Rechte nach Nr. 4.1 Abs. 2 zu.

4.3 Die Haftung für Mängelfolgeschäden wird durch Verlag und Autor ausgeschlossen; dies gilt nicht, wenn sie durch Vorsatz und grober Fahrlässigkeit entstanden sind.

4.4 Zusätzlich wird die Haftung nach Nr. 4.3 auf den Warenwert beschränkt.

4.5 Es ist zu beachten, daß der Verlag Daten und Rechenverfahren zur Information und Arbeitsunterstützung für qualifiziert urteilsfähige Bau-Fachleute, Architekten und Bauingenieure zur Verfügung stellt, die von Praktikern nach bestem Wissen und Gewissen gesammelt und ausgewertet sind.

Verlag und Autor erheben nicht den Anspruch, daß die zur Verfügung gestellten Daten und Rechenverfahren allgemein gültig sind. Vielmehr muß der Anwender eigenverantwortlich prüfen, ob diese Daten und Ergebnisse für die konkrete Anwendung eingesetzt werden können. Die Weitergabe der vom Programm ausgegebenen Informationen an Dritte ist nur im Namen des beurteilenden Anwenders und in eigener Verantwortung zulässig: Keiner entzieht sich der Verantwortung für eigenes Handeln.

1983 erschien die 1. Auflage des „Bauteilkatalogs Altbaumodernisierung“ mit ca. 300 Bauteilen (Ausführungsklassen) und ca. 1.500 Kostenwerten (Ausführungsarten) zur Instandsetzung und Modernisierung vorhandener Bausubstanzen.

Dieser Bauteilkatalog beruhte im wesentlichen auf den Ergebnissen mehrerer Forschungsarbeiten, die die Gruppe Haus- und Stadterneuerung, Aachen und die Entwicklungs- und Anwendungsgesellschaft für Baukostenplanung, München im Auftrag des Bundesministeriums für Raumordnung, Bauwesen und Städtebau, Bonn durchgeführt hatten. Ziel hierbei war es, ein für den Praktiker brauchbares Instrumentarium zur frühzeitigen und relativ genauen Ermittlung der Baukosten von Instandsetzungen und Modernisierungen von Altbauten zu schaffen. Die langjährigen, praktischen Erfahrungen der Gruppe Haus- und Stadterneuerung bei der Altbaumodernisierung sowie die Kenntnisse der Entwicklungs- und Anwendungsgesellschaft für Baukostenplanung bei den EDV-gestützten Berechnungsverfahren führten zu einem für fast jeden auf diesem Gebiet Tätigen anwendbaren und mit realistischen Kostenwerten und Konstruktionslösungen versehenen Katalog.

In den seither insgesamt 9 Neuauflagen wurden Aktualisierungen und auch Erweiterungen des Katalogs vorgenommen:

- Anpassung der Preise an den aktuellen Stand,
- Herausnahme nicht mehr üblicher Bauteile,
- Hereinnahme von neuen Konstruktionslösungen und deren Kosten,
- Hereinnahme der Auflistung von Leistungsbereichen und der Bauteilkurztext-Übersicht,
- Ausführliche Hinweise für die Anwendung des Katalogs incl. Rechenbeispiel und Stichwortverzeichnis,
- Angabe von Kostenwerten zu den Baunebenkosten.

Kurze Zeit nach Erscheinen der 2. Auflage wurde aufgrund vieler Nachfragen beim Verlag das EDV-Programm zur einfachen Auswertung der im Katalog zusammengetragenen Daten veröffentlicht. Inzwischen werden zur Anwendung mit Branchensoftware für Architekturbüros die vorliegenden Daten auch in Diskettenform zum Einlesen in AVA-Programme herausgegeben.

Bei den ersten Auflagen handelte es sich ausschließlich um Bauteilkostenwerte. Mit dieser Methode, die für die Kostenberechnung u.E. die einzig praktikable ist, können die Kosten für Instandsetzung und Modernisierung relativ früh im Planungsprozeß und recht genau (+/– 10%) ermittelt werden. Allerdings erfordert die Methode einen nicht unerheblichen Zeitaufwand im Bereich der Massenermittlung und Berechnung.

Aufgrund dieses Aufwands wurde von vielen Kolleginnen und Kollegen immer wieder die Frage nach weniger zeitintensiven Methoden gestellt, um schon in einem relativ frühen Planungsstadium Kosten-Größenordnungen nennen zu können.

In der 5. Auflage wurde daher erstmals ein, was Aufwand und Genauigkeit anbelangt, abgestuftes 2-teiliges System der Kostenschätzung/Kostenberechnung zu Verfügung gestellt.

Stufe 1: Kostenschätzung nach Vergleichswerten

Im Gegensatz zum Neubaubereich sind Vergleichswerte je m^3 umbautem Raum ungebräuchlich; durchgesetzt haben sich aufgrund größerer Genauigkeit Werte pro m^2 Wohn- oder Nutzfläche. Neben Vergleichswerten für die gesamten Baukosten sind zudem Werte je Gewerk in DM/m^2 WFL / NFL angegeben. Aus diesen Zahlen läßt sich relativ einfach ein Baukostenwert unter Berücksichtigung gewerksbezogener Besonderheiten, z.B. eines reduzierten Maßnahmenumfangs, ermitteln.

Stufe 2: Kostenberechnung nach Bauteilen

Hierbei handelt es sich um das bekannte Verfahren der früheren Auflagen.

Wesentliche Veränderungen der Ihnen hier vorliegenden 10. Auflage gegenüber den früheren Auflagen sind:

— Einarbeitung der Neufassung der DIN 276, Ausgabe 1993, durch Umstellung des gesamten Numerierungssystems und hierdurch bedingt Umsortierung aller Bauteile (Kostengruppen 200, 500, 600 und 700 mit 2-stelliger Gliederung; Kostengruppen 300 und 400 mit 3-stelliger Gliederung).
— Aktualisierung aller Kostenwerte entsprechend der Preisentwicklungen, eigener Erfahrungen und auch einzelner Neukalkulationen.
— Einarbeitung der Anforderungen der neuen Wärmeschutzverordnung in die jeweiligen Bauteile und Bauteilkostenwerte.
— Einarbeitung neuer Erkenntnisse bzgl. Konstruktionen, Materialien und dergl. aus unserer Praxis des Planens und Bauens im Bestand.

Die aufgeführten, umfangreichen Veränderungen und Erweiterungen führen dazu, daß Ihnen jetzt dieses „Standardwerk" zu den Kosten von Instandsetzung, Sanierung, Modernisierung und Umnutzung von Altbauten in aktueller, für die 2. Hälfte der 90er Jahre verwendbarer Fassung vorliegt.

Bei allen Kostenwerten handelt es sich um Durchschnittswerte, die aus den Abrechnungen einer Vielzahl von Projekten in verschiedenen Büros entwickelt wurden. Dies bedeutet jedoch auch, daß Besonderheiten wie regionale und konjunkturbedingte Preisunterschiede, gewerksweise Eigenarten, konstruktive Besonderheiten und dergleichen nicht berücksichtigt werden konnten. Hier sind die das System handhabenden Fachleute gefordert, entsprechende Anpassungen vorzunehmen.

Bei Berücksichtigung dieser Grundsätze ist u.E. die Schätzung bzw. Berechnung der Kosten beim Bauen im Bestand mit Hilfe des vorliegenden Buches ein Stück einfacher und präziser möglich geworden.

Edgar Krings
Ulrich J. Dahlhaus
Ulli Meisel

Am 3. Mai 1992 verstarb Architekt Heinz Schmitz im Alter von nur 51 Jahren. Heinz Schmitz war nicht nur der Autor dieses Buches über Kosten beim Bauen im Bestand; er war derjenige, der vor über 20 Jahren anfing, Altbaumodernisierung professionell zu betreiben. Hierzu gehörte eben auch ein Verfahren, die Kosten dieser Maßnahmen in einem früheren Planungsstadium relativ genau zu ermitteln. Bis dahin wurden die Kosten grob geschätzt — was sehr häufig zu erheblichen Mehrkosten bei der Realisierung führte. Die hieraus resultierende weit verbreitete Meinung, die Modernisierung von Altbauten koste sowieso das Doppelte der vom Architekten ermittelten Kosten, konnte Heinz Schmitz mit seinem Büro bei einer Vielzahl von Projekten widerlegen, auch dank des von ihm erarbeiteten Bauteilkatalogs, der Ihnen jetzt in der 10. Auflage vorliegt.

Wir werden die Pflege und die Weiterentwicklung des Katalogs in seinem Sinne fortsetzen.

Methoden der Kostenschätzung und Kostenberechnung

1. Kostenschätzung mit Vergleichswerten

1.1 Einführung

Bei jeglicher Produktion, auch der eines Hauses, ist es wichtig, schon in einem relativ frühen Planungsstadium die entstehenden Kosten der vorgesehenen Maßnahme größenordnungsmäßig ermitteln zu können. Zu Beginn einer Planung ist bekanntlich die Möglichkeit der Beeinflussung der Kosten am größten. Im Bauwesen hat sich seit langem die Methode der Kostenschätzung mit Hilfe unterschiedlicher Vergleichswerte durchgesetzt. Solche Werte können entweder aus eigenen Erfahrungen selbst ermittelt oder von Dritten (Verlagen, Institutionen, Fachverbänden) zur Verfügung gestellt sein. Sie lassen sich leicht aus einer größeren Zahl abgerechneter Bauvorhaben zusammentragen und sind inzwischen in großem Umfang vorhanden.

Es handelt sich dabei im Wesentlichen um die Werte
DM/m^3 umbauter Raum und
DM/m^2 Wohn- oder Nutzfläche.

Die Begriffe Baukosten, BRI, WFL/NFL sind in der DIN 276 und den inzwischen zurückgezogenen Normen DIN 277 und 283, sowie in der II. Berechnungsverordnung eindeutig definiert, eine Vergleichbarkeit der Bezugsgrößen, auch für Werte aus unterschiedlichen Quellen, ist also gewährleistet.

Bei der Veröffentlichung solcher Zahlen werden oft zusätzlich zu einem Mittelwert Preisspannen angegeben, zum Teil wird unterschieden nach Gebäudenutzung oder Ausstattungsstandard und manche Beträge sind nach den einzelnen Kostengruppen der DIN 276 aufgesplittet.

Im Neubaubereich hat sich der Wert DM/m^3 umbauter Raum durchgesetzt. Er bietet die Möglichkeit, mit geringem Aufwand und akzeptabler Genauigkeit Prognosen über die entstehenden Kosten eines Bauvorhabens abzugeben. Für den Altbaubereich allerdings ist ein solcher Wert vollkommen ungeeignet, weil die Kosten für Modernisierungen nicht direkt proportional zum umbauten Raum sind. So ist z. B. die Modernisierung bei Wohnungen mit einer Geschoßhöhe von 2,75 m nur unwesentlich preiswerter als bei Wohnungen mit einer Geschoßhöhe von 4 m, obwohl 1/3 weniger umbauter Raum vorhanden ist. Ein Vergleichswert sollte sich also sinnvollerweise auf m^2 Wohn- oder Nutzfläche beziehen.

Er setzt auch notwendigerweise — weit mehr als die entsprechenden Angaben bei Neubauten — Erfahrungen bei der Anwendung solcher Werte voraus, weil besonders viele Einflußfaktoren für Kostenabweichungen vom „Normalwert" zu berücksichtigen sind.

Diese Einflußfaktoren können in mehreren Bereichen entstehen — wobei im Prinzip schon ein ähnlicher Bautyp gleicher Baualtersstufe vorausgesetzt wird:

— durch im Detail abweichende Bauform,
— durch abweichenden Bauzustand,
— durch abweichende Grundrißveränderung,
— durch abweichenden Ausstattungsstandard,
— durch abweichenden Maßnahmenumfang,

— durch zeitlich versetzte Ausführung,
— durch besondere Mieterprobleme,
— durch Selbsthilfeeinsatz,
— durch abweichende behördliche Auflagen,
— durch regionale Kostenstrukturen,
— durch konjunkturelle Schwankungen.
(Ausführliche Erläuterungen zu den einzelnen Punkten und Aussagen über die Größenordnung möglicher Abweichungen finden sich in Kapitel 2.5, S. 24 und in Schmidt, Kostenrichtwerte — Anforderungen und Aussagewert, Essen 1992).

Aus dieser Anzahl von Einflußfaktoren werden in der Regel nur einige auf das jeweilige Projekt zutreffen — jeder einzelne kann aber das aufzuwendende Investitionsvolumen verändern. Die oben genannten Faktoren müssen bei der Wahl des Wertes berücksichtigt und ggf. Zu- oder Abschläge vorgenommen werden. Das setzt eine gewisse Erfahrung bei der Anwendung dieser Zahlen voraus. Ein weiteres Problem liegt in der Tatsache, daß es sich hier um einen Einzelwert handelt. Sämtliche — nicht vermeidbaren — Ungenauigkeiten gehen damit voll in das Endergebnis ein.

Aufgrund all dieser Unwägbarkeiten sind Kostenschätzungen nach Vergleichswerten nur mit einer relativ großen Ungenauigkeit von +/– 25% möglich.

1.2 Vergleichswerte DM/m^2 Wohn- oder Nutzfläche

Die in der Tabelle „Baukosten 1“ auf S. 47 angegebenen Werte wurden aus einer Vielzahl abgerechneter Projekte ermittelt. Sie enthalten die Baukosten (Kostengruppen 2 bis 6) incl. Mehrwertsteuer, ohne Baunebenkosten (Kostengruppe 7).

Die Tabelle gibt Preisspannen für verschiedene Baualtersstufen und, was die Fachwerkhäuser anbelangt, für Häuser verschiedener Erhaltungszustände an. Wichtig zu erwähnen ist noch, daß es sich bei allen ausgewerteten Projekten um Wohngebäude oder überwiegende wohngenutzte Gebäude handelt; das betrifft auch die Umnutzungen.

Aufgrund dieser Tatsache sind in den Werten so gut wie keine Kosten für Geräte, Einrichtungen, Möblierung, Dekorationen, Beleuchtung usw. enthalten.

1.3 Vergleichswerte „Gewerke“

Häufig sind die oben beschriebenen Werte nicht genau genug — eine Differenzierung ist nötig. Oft sind dank gut durchgeführter Instandhaltung Bauteile noch oder dank bereits erfolgter Modernisierung schon in einem Zustand, der weitere Arbeiten unnötig macht.

Daher wurden durch zusätzliche Auswertung der o.a. Projekte und eine gewerkeweise Aufteilung Kostenwerte „DM/m^2 WFL(NFL)“ zusammengestellt (Tabellen „Baukosten 2.1–2.3“, S. 49 ff.). Schwierigkeiten bei der Aufteilung entstehen dadurch, daß die Definition der Gewerkebereiche regional oft unterschiedlich ist und gerade bei der Altbaumodernisierung ein Handwerksbetrieb meist mehrere Leistungsbereiche bearbeitet. Das ist bei der Verwendung dieser Werte und besonders bei Soll–Ist–Vergleichen zu beachten. Auch diese Zahlen enthalten, entsprechend der Forderung der DIN 276, die Mehrwertsteuer; Baunebenkosten (Kostengruppe 7.) sind in den angegebenen Preisen nicht enthalten.

2. Kostenberechnung nach der Bauteilmethode

2.1 Einführung

Die Kostenschätzung und Kostenberechnung bei Modernisierungs- und Instandsetzungsmaßnahmen gelten als besonders schwierig und bei Bauherren auch als unzuverlässig.

Die Kostenschätzung ist wegen der vielen verschiedenen Faktoren, die einen Einfluß auf die Preisgestaltung und den Maßnahmenumfang haben, ungleich schwerer zu erstellen als bei Neubauten. Eine Kostenberechnung wird häufig erst in der Phase der Detaillierung, im Zweifel mittels erster Ausschreibungsergebnisse, durchgeführt. Beeinflussen läßt sich die Kostenentwicklung zu dieser Zeit allerdings kaum noch, weil die Möglichkeit zur Einflußnahme mit dem Fortschreiten der Planung exponentiell sinkt. Dies verdeutlicht, daß eine gezielte Kostenbeeinflussung zu einem möglichst frühen Zeitpunkt notwendig ist. Entscheidungen zur Kostensteuerung werden hauptsächlich innerhalb der ersten vier Leistungsphasen getroffen.

Es gibt mehrere Voraussetzungen für den Erfolg solcher Steuerungsmaßnahmen:
- Wesentlich ist eine altbaugerechte Planung beim Entwurf und in der Detaillierung. Eingriffe in das vorhandene Baugefüge müssen minimiert werden; auf Basis einer exakten maßlichen und technischen Bestandsaufnahme wird entschieden, welche Bauteile ersetzt werden müssen und welche nutzbar sind und belassen werden. Diese gilt es dann während des Bauablaufes vor Beschädigung oder Zerstörung zu schützen.
- Außerdem sollten altbaugerechte Konstruktionen angewendet werden. Neubauverfahren entsprechen oft nicht den Erfordernissen der vorhandenen Substanz und führen zu unnötigen Schäden an den betreffenden oder an angrenzenden Bauteilen.
- Schließlich ist es wichtig, während der Ausführung alle Konflikte mit der vorhandenen Bausubstanz und natürlich auch mit eventuellen Bewohnern zu vermeiden oder zumindest zu begrenzen. Die Zusammenarbeit mit altbauerfahrenen Handwerksbetrieben hilft bei diesem Vorhaben.
- In allen Phasen ist ein ständiger Vergleich der prognostizierten Soll-Zahlen mit den neuesten Ist-Werten notwendig. Abweichungen müssen festgestellt und die Gründe dafür ermittelt werden.

Die DIN 276 erläutert die verschiedenen Kostenermittlungsarten, schweigt sich aber darüber aus, welche Schlüsse und Folgerungen aus den ermittelten Zahlen gezogen werden sollen.

In der HOAI tauchte der Begriff Kostenkontrolle an versteckter Stelle innerhalb der Leistungsphase 8 auf; von einer Einflußnahme auf die Kosten war auch hier nicht die Rede. Mit der 5. Verordnung zur Änderung der HOAI (1995) gehören zu den Grundleistungen des § 15 die Kostenkontrolle durch Vergleich der Kostenberechnung/Kostenanschlags mit der Kostenschätzung/Kostenberechnung und die Kostenkontrolle durch Überprüfen der Leistungsabrechnung der bauausführenden Unternehmen im Vergleich zu den Vertragspreisen und dem Kostenanschlag.

Eine echte Grundleistung hat zur Folge, daß die Kostenwerte nicht nur schematisch miteinander verglichen werden, sondern Kostenabweichungen analysiert und mit dem Bauherrn erörtert und gemeinsam Konsequenzen daraus gezogen werden: Es findet eine echte Kostenkontrolle statt; eine Kostensteuerung — nur zusammen mit dem Bauherrn — wird möglich.

Die entstehende Konkurrenz auf dem europäischen Markt und die momentane wirtschaftliche Lage mit knapperen Budgets machen exakte Kostenprognosen und deren Einhaltung immer wichtiger. In der neuen DIN 276 (Juni 1993) sind auch erstmals die Begriffe Kostenplanung und Kostensteuerung enthalten.

Aufgrund der steigenden Anforderungen an die Architektinnen und Architekten wird also ein System benötigt, das in einer relativ frühen Planungsphase angewendet werden kann und damit umfangreiche Kosten-Beeinflussungsmöglichkeiten bietet. Gleichzeitig muß dieses System auch eine differenzierte Betrachtung erlauben, damit z.B. ein direkter Vergleich verschiedener Standards oder Konstruktionen möglich ist. Ein solcher Vergleich muß immer Maßnahmenpakete — das heißt komplette Bauteilleistungen einschließlich aller Vor- und Folgearbeiten, auch von unterschiedlichen Gewerken — berücksichtigen, um zuverlässig zu sein. Durch Einbeziehen vieler verschiedener Werte soll eine möglichst große Genauigkeit erreicht werden. Die nicht vermeidbaren kleinen Fehler innerhalb der einzelnen Werte gleichen sich dabei nach dem Gesetz der großen Zahl aus. Weiterhin muß ein Soll-Ist-Vergleich zwischen den verschiedenen Stufen einer Kostenermittlung möglich sein.

Ein solches System existiert mit dem vorliegenden Katalog

- Der Bauteilkatalog zur Altbaumodernisierung beschreibt zusammenfassend die üblichen Konstruktionen für Modernisierung und Instandsetzung und stellt Alternativen innerhalb einer Kostengruppe nebeneinander. Damit wird ein Überblick über die möglichen Bauteilvarianten erreicht, die für die Maßnahmenfestlegung zur Verfügung stehen.

- Der Bauteilkatalog kann zu einem frühen Zeitpunkt mit vertretbarem Aufwand angewendet werden.

- Der Bauteilkatalog enthält ca. 2.200 komplett kalkulierte Bauteil-Kostenwerte für die üblicherweise bei der Modernisierung und Instandsetzung auszuführenden Bauleistungen.

- Die Bauteil-Kostenwerte sind einschließlich aller Vor- und Folgearbeiten kalkuliert, die von verschiedenen Handwerkern zur Erbringung der vollständigen Leistung erforderlich sind.

- Die Werte wurden aus zahlreichen durchgeführten und abgerechneten Modernisierungsprojekten mehrerer Büros nachkalkuliert.

- Jedem Bauteil ist ein Kosten-Durchschnittswert zugeordnet, zusätzlich ist eine Preisspanne „Von-Bis-Werte" angegeben, um die Bandbreite eventueller Kostenabweichungen deutlich zu machen und eine individuelle Preiskorrektur zu erleichtern.

- Alle Preise enthalten, entsprechend der Forderung der DIN 276, die Mehrwertsteuer von z.Zt. 15%. Zur Berechnung eines Nettopreises müssen die Kostenwerte mit 0,87 (0,8695653) multipliziert bzw. durch 1,15 dividiert werden.

- Alle Kostenwerte sind auf einen einheitlichen Preisstand bezogen und damit direkt vergleichbar. Bezugszeitpunkt ist das erste Quartal 1995, das entspricht einem Indexwert von 221,8 (bezogen auf das Basisjahr 1976 = 100).

- Die Kostenwerte können innerhalb des Zeitraumes bis zu einer Neuauflage des Kataloges anhand der Preisindex-Entwicklung einfach fortgeschrieben werden.

- Die Angabe eines Lohnanteiles zu den jeweiligen Kostenwerten erleichtert eine präzise Fortschreibung der Preise, ermöglicht eine exaktere Einschätzung des Einsparungspotentials bei Selbsthilfeleistungen und kann Anhaltswerte für den Bereich Zeitplanung/Projektsteuerung geben. Die Angabe erfolgt in 20% Schritten von * = 20–40% Lohnanteil bis **** über 80% Lohnanteil (s. Kapitel 2.4 und 2.5, Seiten 17 und 22).
- Der Bauteilkatalog enthält nur altbauspezifische Konstruktionen für die Modernisierung und Instandsetzung aller Bauteile vom Fachwerkhaus bis zum Gebäude der 50er Jahre.
- Die Bauteilbeschreibungen sind so ausführlich und vollständig abgefaßt, daß alle enthaltenen Einzelleistungen und Standardunterschiede der Ausführungsqualitäten deutlich werden.
- Der Aufbau des Bauteil-Kataloges gewährleistet, daß alternativ mögliche Konstruktionen direkt nebeneinander stehen, — damit sind Konstruktions- und Kostenvergleiche für jedes Bauteil sofort im Detail durchführbar.
- Der Bauteilkatalog ist nach der DIN 276 „Kosten von Hochbauten" (Juni 1993) gegliedert und verwendet die DIN-Nummern für die Einzelbauteile. Die Kostengruppen nach (alter) DIN 276 (April 1981) sind in kursiver Schrift zusätzlich angegeben.
- Jedes Bauteil besitzt zusätzlich eine Standard-Leistungsbuchnummer. Damit können die voraussichtlichen Gewerkesummen im einzelnen durch Queraddition berechnet werden, was die Kostenplanung und -steuerung über Soll-Ist-Vergleiche erleichtert.
- Zu dem Bauteilkatalog ist ein EDV-Programm erhältlich, mit dem sich Kostenschätzungen und Kostenberechnungen für Modernisierungs- und Instandsetzungsmaßnahmen besonders einfach erstellen lassen. Außerdem wurde die Möglichkeit geschaffen, die Daten des vorliegenden Buches in vorhandene AVA-Programme einzulesen.
  Nähere Informationen finden sich auf der hinteren Umschlagseite.
- Die Entwicklung des Bauteilkataloges erfolgte im Rahmen eines Forschungsauftrages für den Bundesminister für Raumordnung, Bauwesen und Städtebau.

Die Kostenberechnung mit Hilfe des vorliegenden Bauteilkataloges ist ein zuverlässiges Verfahren zur Ermittlung von Baukosten für die Modernisierung und die Instandsetzung. Wichtig ist die richtige Einschätzung des jeweiligen Objektes bezüglich Zustand, Maßnahmenumfang, Konstruktionen und preisbeeinflussenden Faktoren. Mit dem erforderlichen Fachwissen und der notwendigen Erfahrung angewendet, stellt der Bauteilkatalog ein gutes Hilfsmittel dar, Modernisierungskosten mit einer Genauigkeit von +/- 10% zu berechnen.

2.2 Gliederung des Bauteilkatalogs

Grundlage für den Aufbau des Bauteilkataloges sind Codierungssystem und Gliederungssystematik der DIN 276 (Juni 1993).

Basis für die Struktur ist die Zuordnung der einzelnen Bauteile zu der jeweiligen ***Kostengruppe*** der DIN. Hierfür ist in der Norm eine dreistellige Zahl vorgesehen. Um aber jedes Bauteil eindeutig definieren zu können, war es notwendig, die Gliederungstiefe zu erhöhen und weitere Stellen hinzuzufügen.

Ein Bauteil wird im Bauteilkatalog durch eine 7-stellige Nummer eindeutig bezeichnet. Diese Bauteil-Nummer besteht aus drei Zahlengruppen:

	Kostengruppe	Ausführungsklasse (AK)	Ausführungsart (AA)
	0 0 0	0 0	0 0
Stelle:	*1 2 3*	*4 5*	*6 7*

Unter der Bezeichnung ***Ausführungsklasse*** (Stellen 4 und 5) findet sich die ausführliche Bauteilbeschreibung, in der alle in diesem Bauteil enthaltenen und kalkulierten Leistungsanteile definiert sind.

Beispiel:
344.**01** Wohnungseingangstüren
Größe bis 2 m^2, incl. notwendiger Vorarbeiten, Ausbau und Abfuhr der alten Türe, Beiputz, Sicherheitsschloß, Türspion, Türzarge, umlaufende Fugendichtung, Beschläge.

Dabei ist, wie auch bei Ausschreibungstexten üblich, immer die erste Zeile so beschrieben, daß sie ohne weitere Ergänzungen als Kurztext die vorhandenen, unterschiedlichen Bauteile kennzeichnet. Grundsätzlich wurden alle neu einzubauenden Bauteile mit den Nummern 01–50 belegt, — Instandsetzungen an vorhandenen Bauteilen erhielten die Nummern 51–99.

Zur vollständigen Definition eines kompletten Bauteiles wird mit der 6. und 7. Stelle die ***Ausführungsart*** angegeben.

Beispiel:
344.01.**01** Normtüren, einfach, Wanddicke bis 24 cm
.**02** Normtüren, einfach, Wanddicke über 24 cm
.**03** Normtüren, gehoben, Wanddicke bis 24 cm
.**04** Normtüren, gehoben, Wanddicke über 24 cm
.**11** Übergroße Türen, einfach
.**12** Übergroße Türen, gehoben
.**21** Überstülpzargen-Türen

Auf dieser Stufe der Feingliederung werden die für eine Bauteilkonstruktion zur Verfügung stehenden Varianten und Standard-Alternativen nebeneinander gestellt. Um die Menge an Bauteilen im Bereich der Ausführungsklassen in handhabbaren Grenzen zu halten, werden an dieser Stelle auch Zulagepositionen aufgeführt, wie sie aus Leistungsverzeichnissen bekannt sind. Diese Zulagepositionen sind an der Formulierung „Zulage" oder „plus" deutlich erkennbar und sind natürlich nur zusammen mit anderen Ausführungsarten der gleichen Ausführungsklasse zu verwenden. Das folgende **Beispiel** verdeutlicht den Aufbau:

212.02 Bauwerk entrümpeln
Schutt, Gerümpel, Müll von Hand in Container laden und abfahren incl. Grundgebühr und Vorhaltung, aber ohne Kippgebühren

.01	Bedingungen normal	***	920	m^3
.02	Bedingungen erschwert	***	920	m^3
.11	**plus** Kippgebühr Bauschutt	*	920	m^3
.12	**plus** Kippgebühr Gemisch	*	920	m^3
.13	**plus** Kippgebühr Sondermüll	*	920	m^3

Für diese Stufe der Ausführungsart steht zur Textbeschreibung jeweils nur eine Zeile zur Verfügung, — die Texte sind also knapp, aber mit den wesentlichen Unterscheidungsmerkmalen formuliert.

Auf der Stufe der Ausführungsart ist auch die Leiteinheit oder Dimension angegeben.

Durch die Wahl eines jeweils 2-stelligen Schlüssels für die Ausführungsklasse und die Ausführungsart (Stellen 4 und 5 sowie 6 und 7) sind jeweils maximal 99 Bauteile in einer Kostengruppe mit 99 Feingliederungen (= Ausführungsarten) möglich, — insgesamt also 99 x 99 = ca. 9.800 Bauteile je Kostengruppe.

Innerhalb dieses Schemas wurde die Numerierung der Bauteile mit Zwischenräumen ausgeführt (01, 02, 03 ... — 11, 12 ... — 21, 22 ... usw.). Dadurch können bei Bedarf zusätzlich zu den im Katalog aufgeführten Bauteilen weitere, neue Bauteile ohne Schwierigkeiten eingefügt werden.

Zusätzlich zu den aufeinander aufbauenden Bauteilen, die in Addition die beabsichtigte Gesamtleistung ergeben, wurden in einigen Kostengruppen auch sog. ***Grobelemente*** aufgenommen.

Solche Grobelemente oder Komplettbauteile — zum Beispiel „Stück Badezimmer komplett mit allen Leitungen und Einrichtungsgegenständen" — erleichtern eine schnelle, überschlägige Berechnung.

Für differenziertere Kalkulationen können dann die verschiedenen Einzelbauteile verwendet werden — z.B. „Waschbecken, gehobene Qualität, incl. Befestigung, Armaturen und Zubehörteilen".

Zu beachten ist dabei, daß
— keine Position unbeabsichtigt mehrfach gewählt und berechnet wird. So ist z.B. das Waschbecken natürlich im Preis des Badezimmers enthalten;
— Bauteile mit unterschiedlichen Dimensionen natürlich nicht vermischt werden dürfen. So ist z.B. *entweder* das Element „Heizung Wohnungsinstallation" (DM/m^2 NFL) *oder* die Position „Kessel" zu wählen.

Zur besseren Übersichtlichkeit sind die Grobelemente von den Einzelbauteilen deutlich abgetrennt.

Für die Kostengruppe „700 — ***Baunebenkosten***" sind naturgemäß keine Bauteilkosten im Katalog angegeben, weil diese Kostenanteile jeweils von den anrechenbaren Kosten abhängen.

Diese Positionen sind aber dennoch im Katalog enthalten, weil die Baunebenkosten bei Modernisierungen einen erheblichen Umfang — bis zu 25% der Bauwerkskosten — annehmen können und entsprechend rechtzeitig berücksichtigt werden müssen.

Die Kostenwerte für die Baunebenkosten sind bei der Berechnung jeweils separat zu ermitteln. Anhaltspunkte für eine solche Berechnung finden sich im Kapitel 3: Schätzung der Baunebenkosten.

Alle im Bauteilkatalog angegebenen ***Bauteil-Kostenwerte*** sind Gesamtpreise, die entsprechend der Vorgaben der DIN 276 die Mehrwertsteuer in Höhe von 15% enthalten. Sie schließen alle Leistungen ein, die im beschreibenden Bauteiltext aufgeführt sind.

In der Regel bestehen sie aus mehreren Leistungsverzeichnis-Positionen, — zum Teil sind sie auch gewerkübergreifend kalkuliert.

Bei der Kalkulation wurde für jedes Bauteil eine Leiteinheit definiert. Im nebenstehenden Beispiel ist ein Kalkulationsblatt für eines der Bauteile abgebildet. Hier ist als Leiteinheit „m^2 Dachfläche" gewählt worden. Auf diese Leiteinheit sind die Mengen der einzelnen Positionen (m^3 Bauholz, m^2 Schalung, m Traufbohle, kg Kleineisenteile, Stück Balkenschuhe sowie Arbeits- und Kranstunden) umgerechnet worden. Dadurch wird eine relativ schnelle Bearbeitung ermöglicht, weil zur Kostenberechnung nur die Menge der jeweiligen Leiteinheit ermittelt werden muß.

2.3 Sortiermöglichkeiten

Die Ergebnisse von Kostenschätzungen und Kostenberechnungen werden im Büroalltag für die unterschiedlichsten Zwecke verwendet:
— für Kostenermittlungen, wie sie in § 15 der HOAI vorgegeben sind,
— zur Kostenverfolgung — meist in Zusammenhang mit der Ermittlung von Gewerkesummen,
— zur Sicherung von Finanzierungen,
— zur Aufstellung von Förderungsanträgen,
— bei Wirtschaftlichkeits- und Mietberechnungen,
— für Honorarberechnungen (§ 10 HOAI).

In vielen Fällen ist die DIN 276 Auswertungsgrundlage. So liegt Förderungsanträgen und Wirtschaftlichkeitsberechnungen meist das Gliederungssystem der DIN zugrunde, die ermittelten Werte sind also einfach zu übernehmen. Die Bauteil-Kostenberechnung kann auch als Anlage den betreffenden Anträgen beigefügt werden und stellt dann eine prüfungsfähige Berechnungsgrundlage der Modernisierungs- und Instandsetzungskosten dar.

Oft wird es aber sinnvoll oder nötig sein, die einzelnen Bauelemente/Kostenfaktoren zusätzlich oder auch ausschließlich nach anderen Gesichtspunkten zu sortieren:
— Anteile verschiedener Gewerke,
— Modernisierungs- und Instandsetzungsanteil,
— Ausbau- und Umbauanteil,
— Anteile von Wohnraum und Geschäftsraum,
— Anteile einzelner Bauabschnitte,
— Energieeinsparung,
— Selbsthilfeanteil,
— jede beliebige eigene Aufteilung.

Alle Einzelbauteile sind sowohl mit einer Information zur DIN-Kostengruppe (über die Bauteilnummer) als auch mit einer Gewerkenummer des Standardleistungsbuches versehen. Andere — eigene — Sortierschlüssel oder Kennungen können jedem Bauteil nach Bedarf zugeordnet werden. Innerhalb des EDV-Programmes ist dann auch eine Auswertung des gesamten Bauvorhabens nach dieser selbst vergebenen Kennung möglich.

Bestimmung näherungsweiser Gewerkesummen

Die Gliederungssystematik der DIN 276 (April 1981) mit den einzelnen Kostengruppen stimmte — sehr zum Leidwesen vieler Architektinnen und Architekten — nicht mit der Ge-

361.01	Sparren-, Pfetten-, Kehlbalkendach Aufstellen und verzimmern, incl. Stützen, Streben, Pfetten, Windverbänden, Zangen und Imprägnierung	DM/m²

Für jedes vollständige Bauteil auf der Stufe der Ausführungsart wurde ein Kalkulationsblatt angelegt, sofern es sich nicht um ein mit einer Leistungsverzeichnisposition identisches Bauteil handelt.

361.01	01	1 Südstr. 38-42 Aachen			2 Blücherstr. 42-44 Düsseldorf			3 Feldstr. 134 Würselen			4 Hubertusstr. 30 Aachen		
SATTEL-/PULT-/ WALMDÄCHER		LEITMENGE: 340 m²			LEITMENGE: 40 m²			LEITMENGE: 65 m²			LEITMENGE: 90 m²		
NR.	LEISTUNGSBESCHREIB.	Anteilige Menge je Leiteinheit	Einheits-preis in DM	Anteiliger Preis je Leiteinheit	Anteilige Menge je Leiteinheit	Einheits-preis in DM	Anteiliger Preis je Leiteinheit	Anteilige Menge je Leiteinheit	Einheits-preis in DM	Anteiliger Preis je Leiteinheit	Anteilige Menge je Leiteinheit	Einheits-preis in DM	Anteiliger Preis je Leiteinheit
1	Bauholz: incl. Zulagen für Stärken + Auswechslungen	0,035 m³/m²	514,0	18,50	0,038 m³/m²	570,0	21,7	0,036 m³/m²	570,0	20,5	0,035 m³/m²	500,0	17,5
2	Verzimmern + Imprägnieren	2,70 m/m²	10,3	27,81	2,75 m/m²	10,8	29,7	2,70 m/m²	13,7	37,0	3,20 m/m²	7,3	23,4
3	Bretterschalung	0,01 m²/m²	45,0	0,45	0,40 m²/m²	28,4	11,4	0,02 m²/m²	28,0	0,6	0,03 m²/m²	30,0	0,9
4	Traufbohlen, Kleinholz	0,15 m/m²	14,5	2,18	0,30 m/m²	20,0	6,0	0,30 m/m²	15,0	4,5	0,20 m/m²	8,5	1,7
5	Mauerauflager	0,04 St/m²	20,0	0,80	0,10 St/m²	18,0	1,8	0,15 St/m²	18,0	2,7	0,08 St/m²	15,0	1,3
6	Balkenschuhe, Ankerbolzen	0,50 St/m²	7,2	3,60	0,80 St/m²	7,2	5,8	0,40 St/m²	8,8	3,5	0,45 St/m²	4,0	1,8
7	Rispenband BMF	0,16 m/m²	7,5	1,20	0,15 m/m²	10,8	1,6	0,50 m/m²	6,9	3,5	0,17 m/m²	7,5	1,3
8	Kleineisenzeug	0,20 kg/m²	5,0	1,00	0,60 kg/m²	6,0	3,6	0,20 kg/m²	7,6	1,5	0,21 kg/m²	5,6	1,2
9	Autokran/LKW	0,015 St/m²	216,0	3,24	–	–	–	–	–	–	0,02 St/m²	150,0	3,0
10	Tagelohn	0,015 St/m²	40,0	0,60	0,25 St/m²	41,0	10,3	0,3 St/m²	46,8	14,0	0,06 St/m²	38,5	2,3
Nettopreis pro Leiteinheit		Index: 148,4 (2/83)		59,38	Index: 150,5 (3/83)		91,9	Index: 146,2 (2/82)		87,8	Index: 150,5 (3/83)		54,4
Index-Hochrechnung Stand 1/95		Index: 221,8		88,75	Index: 221,8		135,44	Index: 221,8		133,20	Index: 221,8		80,17
Bruttopreis pro Leiteinheit		1 m² Dachkonstruktion		102,06	1 m² Dachkonstruktion		155,75	1 m² Dachkonstruktion		153,18	1 m² Dachkonstruktion		92,20

werkegliederung des Standardleistungsbuches für das Bauwesen (GAEB) überein. Dadurch ergab sich ein Problem bei der Kostenkontrolle und Kostenverfolgung.

Die DIN 276 (Juni 1993) erlaubt eine gewerkweise Schätzung und/oder Berechnung der Kosten.

Kostenschätzung und Kostenberechnung werden auf der Grundlage der DIN erstellt, Kostenanschlag und Kostenfeststellung haben ein Leistungsverzeichnis zur Grundlage, das allerdings aufgeteilt nach der Gewerkedefinition des Standardleistungsbuches vorliegt. Ein direkter Vergleich der beiden ersten Kostenermittlungsarten mit den Ausschreibungsergebnissen ist also nicht möglich, bevor nicht sämtliche Ausschreibungsergebnisse aller Gewerke bekannt sind.

In der Praxis ergibt sich aber die Notwendigkeit, die aus organisatorischen Gründen oft mit zeitlichem Abstand eingehenden Ergebnisse der einzelnen Gewerke möglichst bald einzeln auf Einhaltung des gesamten Kostenrahmens hin zu überprüfen. Dafür ist eine Ermittlung von Soll-Vorgaben für die Gewerke erforderlich. Für solche Vorgaben müssen dann allerdings die Ergebnisse der Kostenberechnung in einer Form vorliegen, die sie mit den Ausschreibungsergebnissen vergleichbar machen — also geordnet nach Gewerken. Deswegen wurde den einzelnen Bauteilen zusätzlich zur Numerierung nach DIN 276 auch noch eine Standardleistungsbuch-Nummer zugeordnet, die auf der Ebene der Ausführungsart hinter dem beschreibenden Bauteiltext angegeben ist.

Diese Zuordnung birgt einige Probleme, die nicht vermeidbar oder lösbar sind, und deshalb bei allen Soll-Ist-Vergleichen besonders beachtet werden müssen:

— Die Definition der Gewerke ist regional, bürospezifisch und auch zeitlich unterschiedlich. Wärmedämmverbundsysteme werden von Putzer- und auch Malerbetrieben angebracht, die Dachentwässerung fertigt der Dachdecker, Klempner oder Installateur.
— Oft werden verschiedene Gewerke zusammen ausgeschrieben. Die Installationsarbeiten in einem Badezimmer können die Leistungsbereiche 40, 42, 43, 44, 45 und 46 umfassen.
— Gerade für die Altbaumodernisierung ist ein in einzelnen Leistungsbereichen sehr geringer Arbeitsumfang typisch. Deswegen gibt es z.B. viele Rohbauhandwerker, die neben den Abbrucharbeiten auch Leistungen aus den Gewerken 12, 13, 16, 23 und 39 ausführen.
— Fremde Leistungen werden zusammen mit der Hauptleistung ausgeschrieben. Zum Fenster gehören neben Rahmenfertigung und Aus- und Einbau auch die Beschlagarbeiten (29), Verglasung (32), Oberflächenbehandlung (34), Fensterbank (27), Rolläden (30) und Beiputz (23). Die Kosten dafür tauchen dann alle auf der Rechnung des Schreinerbetriebes (27) auf.
— Um die Bearbeitung möglichst einfach zu halten, werden viele Bauteile, insbesondere die Grobelemente, gewerkübergreifend kalkuliert. In diese Kategorie fallen etwa Fachwerkwände mit Ausfachung, Wände oder (Holzbalken-) Decken mit Putz oder komplette Bäder.
— Für einige Bauteile oder Kostenpositionen gibt es noch keine Leistungsbereiche (Abbrucharbeiten, Kunststoff-Fertigfenster, Nebenkosten/Honorare ...). Diese Bereiche wurden von den Bearbeitern festgelegt.

Beispiel: Bauteile, die verschiedenen Leistungsbereichen zugeordnet wurden:

DIN 276	AK	AA	Bauteiltext	Lohn-anteil	LB-Nr	Ein-heit
334	75		Hauseingangstüren instandsetzen Größe bis 2,5 m² incl. notwendiger Vorarbeiten und Abdeckungen			
		01	Anstrich beidseitig	****	034	St
		02	Abbeizen, lasierende Behandlung	****	034	St
		11	Türblatt, Zarge überarbeiten	****	027	St
		12	Türe vollständig aufarbeiten	****	027	St
		21	Beschläge, Schloß überarbeiten	****	029	St
		22	Sicherheitsschlösser einbauen	**	029	St
		23	Drückergarnituren erneuern	**	029	St
		31	Gummidichtung einbauen, umlaufend	****	027	St
		32	Briefkastenschlitz einbauen	****	029	St
		35	Füllung verglasen einschl. Eisengitter	**	032	St

027 = Tischlerarbeiten sowie
029 = Beschlagarbeiten
032 = Verglasungsarbeiten
034 = Maler- und Lackiererarbeiten

Falls verschiedene Leistungen aus unterschiedlichen Leistungsbereichen doch in einem Gewerk ausgeschrieben werden, müssen für einen Soll-Ist-Vergleich die betreffenden Gewerkesummen addiert werden. Durch die Zuordnung der Standardleistungsbuch-Nummern zu den Bauteilen ist, zusätzlich zur Kostenberechnung nach DIN 276, die Bestimmung näherungsweiser Gewerkesummen durch entsprechende Sortierung und Queraddition der Bauteile möglich. Bei Bauteilen, die gewerkübergreifende Leistungen enthalten, wurde das Bauteil nach seinem überwiegenden Leistungsanteil einem Standard-Leistungsbereich zugeordnet.

Manche Konstruktionen sind nicht eindeutig einem Leistungsbereich zuzuordnen. In diesen Fällen, zum Beispiel bei den Bauteilen:
— Lehmbauarbeiten,
— Fertigfenster,
— Wandelemente,
— Abbruchmaßnahmen,
— Spezialverfahren zur Bauwerkstrockenlegung,
— betriebliche Einbauten,
— Gerät,
— Baunebenkosten
wurden zusätzlich zur Gliederung des Standard-Leistungsbuches weitere Leistungsbereichs-Nummern gebildet.

Diese Leistungsbereiche besitzen 900er Nummern, beginnend bei der Nummer 901. Alle Nummern sind auf der zur besseren Übersicht vorne auf der ausklappbaren Seite aufgeführt.

2.4 Fortschreibung der Kostenwerte

Alle Kostenkennwerte, die im Katalog enthalten sind, weisen einen einheitlichen Preisstand auf. Um die Fortschreibung der Preise im Zeitraum bis zur nächsten Neuauflage des Kataloges für den Anwender zu vereinfachen, wird Bezug auf den Baupreisindex genommen,

den das Statistische Bundesamt in Wiesbaden quartalsweise veröffentlicht. Als Basisjahr für diesen Index wurde 1976 gewählt — für dieses Jahr beträgt der Index 100 Punkte. Auf diese Basis beziehen sich alle Kostenangaben.
Der Preisstand bei Drucklegung ist:

Erstes Quartal 1995 = Index ca. 221,8 (1976 = 100)*

Mit diesen Indexwerten können sowohl Kostenberechnungen mit prognostizierten Werten als Annahme, oder auch Rückrechnungen nach den veröffentlichten Tabellen für zurückliegende Stichtagstermine angestellt werden.

Die Problematik des Baupreisindex ist bekannt:
Die veröffentlichten Werte beruhen auf angefragten, nicht immer auf tatsächlich erzielten oder gar abgerechneten Preisen, außerdem werden regionale oder konjunkturell bedingte Schwankungen nivelliert oder zeitlich versetzt nachvollzogen. Die Übereinstimmung der angefragten Leistungen mit den beim aktuellen Bauvorhaben benötigten Leistungspositionen dürfte, insbesondere im Altbaubereich, ebenso minimal wie zufällig sein. Außerdem werden für Kostenschätzungen und -berechnungen logischerweise Preise für die Bauphase, also für die Zukunft gesucht, vorhanden sind aber nur Werte aus der Vergangenheit.

Unter Beachtung dieser Einschränkungen und mit der notwendigen Erfahrung angewandt, stellt der Baupreisindex aber nicht nur die momentan einzig vorhandene, sondern auch eine durchaus praktikable Möglichkeit zur kurzfristigen Kostenfortschreibung dar.

In diesem Kapitel sowie im Kapitel 2.5. Kostenabweichungen werden Anwenderinnen und Anwendern einige Werkzeuge zur besseren Nutzung der Indexwerte an die Hand gegeben.

In den folgenden Grafiken ist die Indexentwicklung dargestellt: *Siehe Schaubild 1: Baupreisentwicklung*

Das Bauen ist heute etwa doppelt so teuer wie 1976. Die Preise sind natürlich nicht linear angestiegen, sondern haben sich analog zur konjunkturellen Entwicklung in einer steileren oder flacheren Kurve nach oben bewegt. Diese konjunkturellen Schwankungen werden durch die Aufbereitung in dem folgenden Diagramm besonders deutlich; *siehe Schaubild 2: Veränderung des Index-Wertes bezogen auf den Vorjahreswert.*

Das nächste Bild stellt die Differenzwerte zum jeweils vorherigen Quartal dar und zeigt ganz klar die jahreszeitlichen Schwankungen auf: Der Begriff Frühling steht auch hier für eine besonders starke Preissteigerung; *siehe Schaubild 3: Veränderung des Index-Wertes bezogen auf den Wert des vorherigen Quartals.*

In der Tabelle auf Seite 33 sind zusätzlich zu den einzelnen Quartalswerten noch die Differenzbeträge in Indexpunkten zum letzten Jahr und zum letzten Quartal angegeben. So ist es verhältnismäßig einfach zu prognostizieren, welche Größenordnung der Wert etwa zur Mitte der voraussichtlichen Bauzeit annehmen wird. Aussagen über regionale und konjunkturelle Schwankungen, wie sie in Kapitel 2.5 Kostenabweichungen (S. 22) beschrieben werden, ermöglichen eine weitere Präzisierung.

Eine pauschale Fortschreibung sämtlicher Bauteilkostenwerte über den Baupreisindex stößt natürlich schnell an ihre Grenzen. Besondere Entwicklungen auf dem Baustoffmarkt, neue Produkte, andere Arbeitsweisen und auch Änderungen im Bereich der Gesetzgebung haben Preisentwicklungen zur Folge, die von der Indexsteigerung unabhängig sind, ihr sogar widersprechen können.

*) Der Indexwert wird im Laufe des Jahres noch geringfügig korrigiert werden.

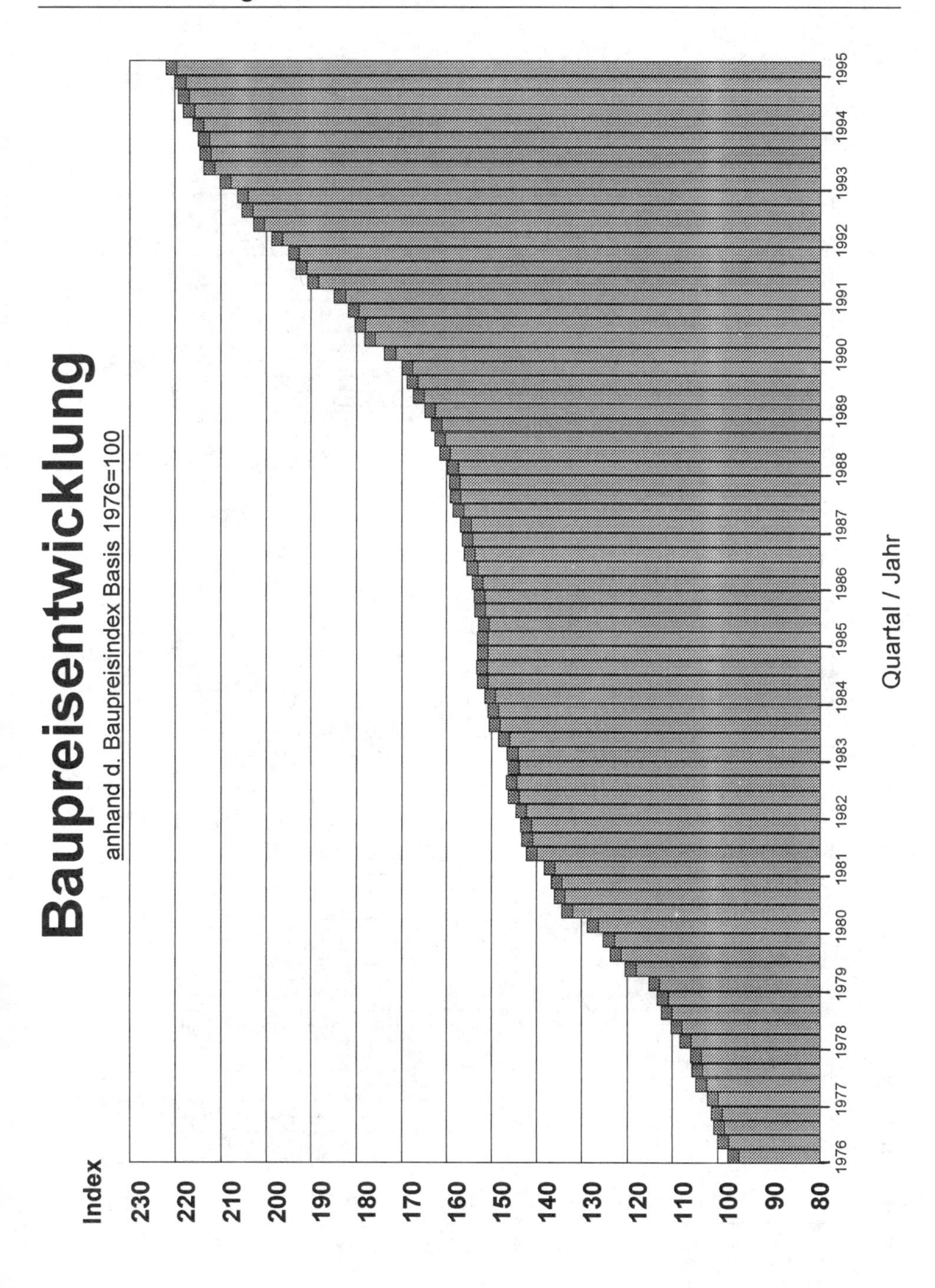

Schaubild 1: Baupreisentwicklung

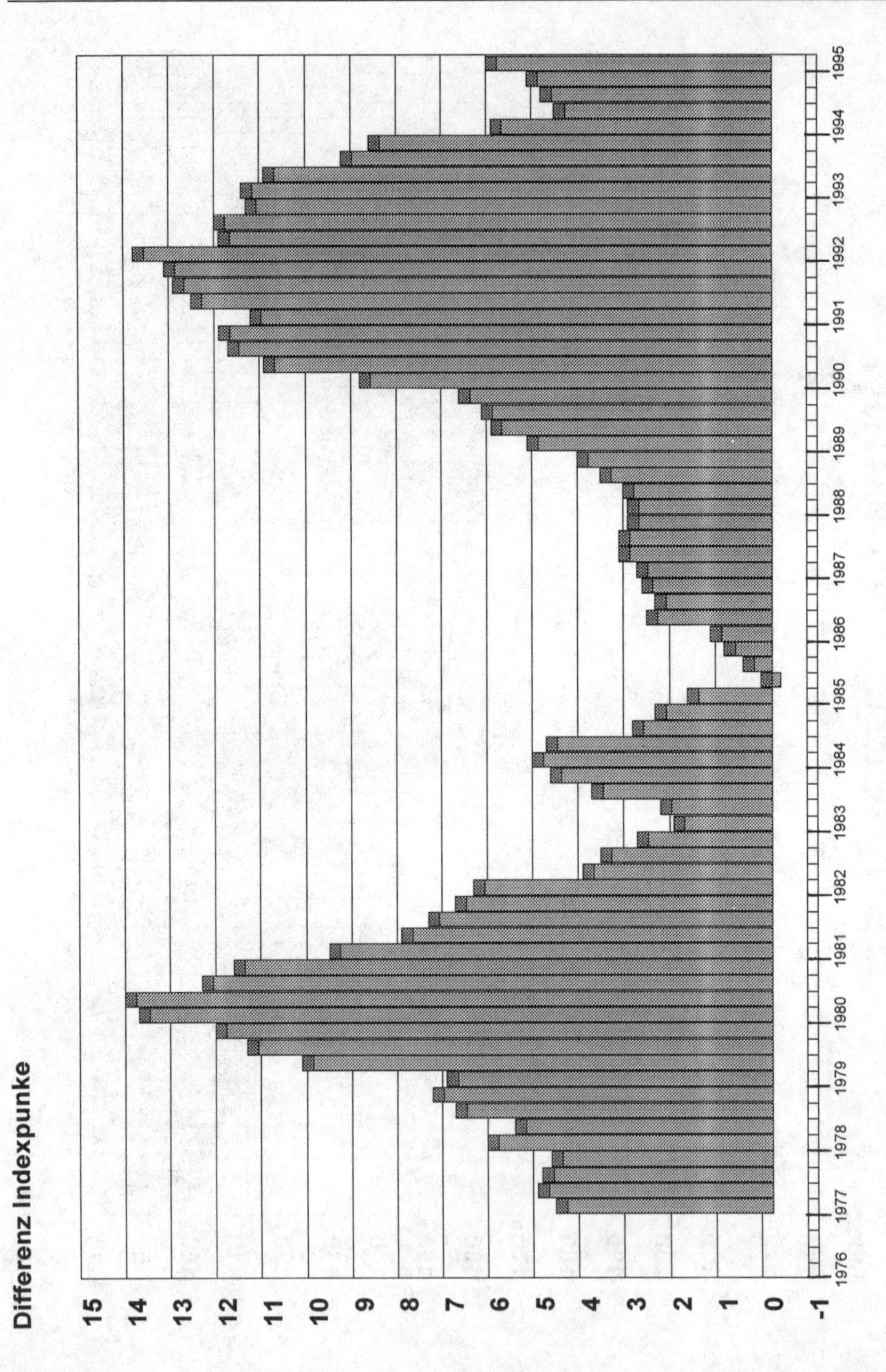

Schaubild 2: Veränderung des Index-Wertes bezogen auf den Vorjahreswert

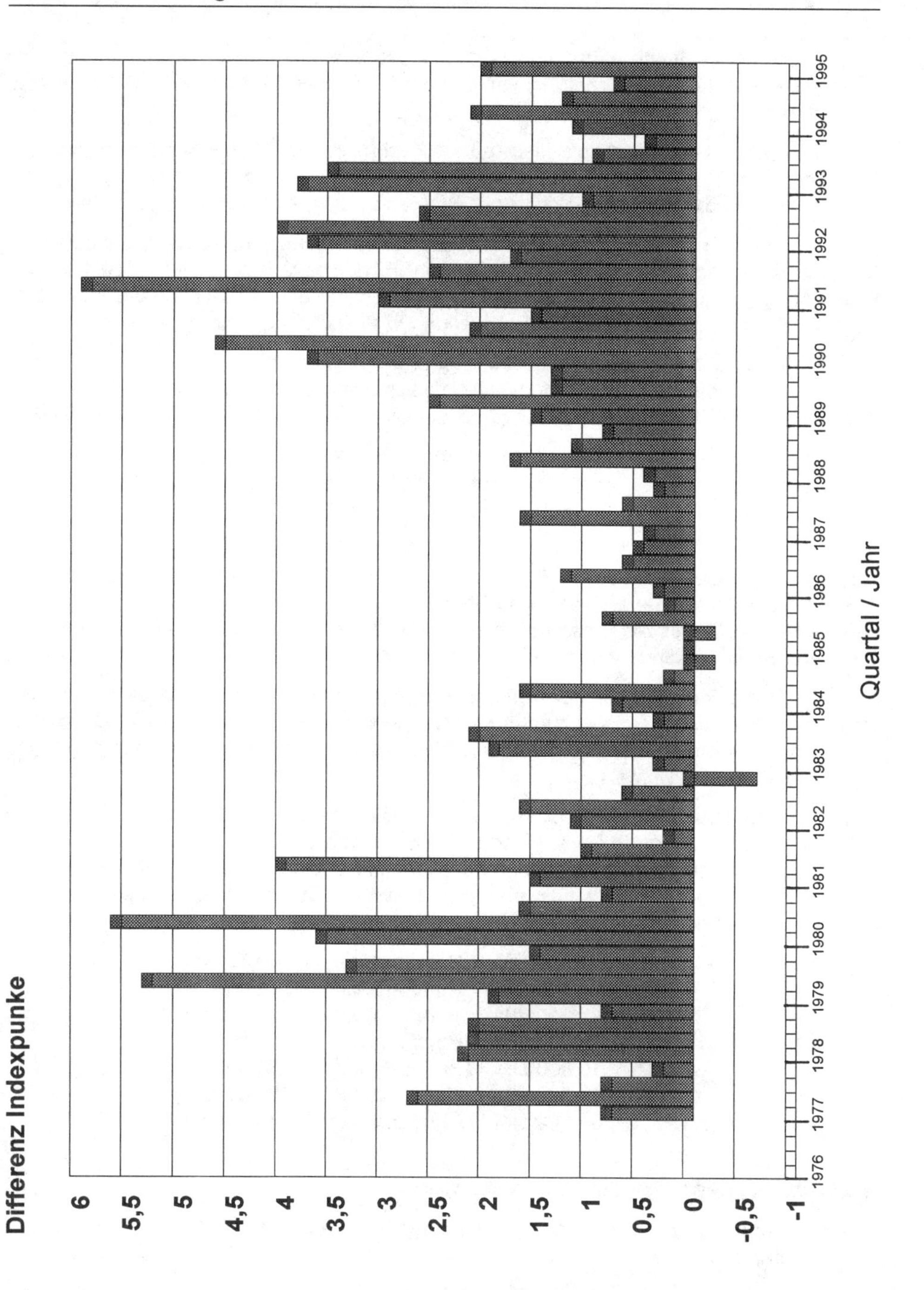

Schaubild 3: Veränderung des Index-Wertes bezogen auf den Wert des vorherigen Quartals

So können z.B. steigende Auftragsbestände bei den ausführenden Unternehmen oder die größere Verbreitung neuer Konstruktionslösungen zu Kostensteigerungen bzw. Kostenreduzierungen führen.

Auch im Baustoffmarkt machen sich steigende Nachfrage und größere Konkurrenz bemerkbar — beides führt zu günstigeren Preisen. Einzelne Bauteile können also durchaus billiger werden, obwohl die Indexentwicklung der Baukosten steigende Tendenz aufweist.

Auch Änderungen im Bereich des Lohngefüges haben auf unterschiedlich arbeitsintensive Maßnahmen verschieden starke Auswirkungen. Eine Einschätzung und Quantifizierung dieser Auswirkungen wird durch die Angabe eines Schlüssels für den Lohnanteil zu jedem Bauteil erleichtert. Dabei wurde eine Aufteilung in 20%-Schritten vorgenommen.

Bei einem Lohnanteil von weniger als 20% (oder wenn, wie z.B. bei Gebühren, die Angabe eines Lohnanteiles unsinnig ist) ist keine Markierung in der entsprechenden Spalte zu finden. Die weitere Staffelung ist wie folgt dargestellt:

*	Lohnanteil 20-40%
**	Lohnanteil 40-60%
***	Lohnanteil 60-80%
****	Lohnanteil über 80%

Eine Neuauflage des Kataloges läßt sich also verständlicherweise nicht nur über eine Indizierung durchführen. Sie erfordert eine Neukalkulation der betreffenden Bauteile mit Hilfe der Kalkulationsblätter. Als Ergebnis dieser Nachkalkulation wird dann die Entwicklung der Bauteilpreise fortgeschrieben.

Wie wichtig die Fortschreibung der Bauteilpreise ist, läßt sich an der Preisentwicklung der letzten Jahre ablesen. So verursachen Modernisierungsleistungen Anfang 1993 um ca. 108% höhere Kosten gegenüber 1976; dies sollte auch bei der Auswertung älterer Projektunterlagen beachtet werden.

Bei den angegebenen Bauteilpreisen handelt es sich um Durchschnittswerte. Es werden eine Preisspanne („von-bis-Werte") und ein Mittelpreis als gerundete Zahlen angegeben. Kostenangaben mit Pfennigbeträgen würden den Anschein einer Genauigkeit erwecken, die im Rahmen von Durchschnittswerten für Bauteilkosten nicht gegeben sein kann. Die Rundung erfolgt gestaffelt nach der Höhe des Bauteilpreises:

0 –	10 DM	Rundung auf	0,50 DM
10 –	100 DM	Rundung auf	1,00 DM
100 –	500 DM	Rundung auf	5,00 DM
500 –	2.000 DM	Rundung auf	10,00 DM
2.000 –	10.000 DM	Rundung auf	50,00 DM
10.000 –	100.000 DM	Rundung auf	100,00 DM
über	100.000 DM	Rundung auf	1.000,00 DM

2.5 Einflußfaktoren für Kostenabweichungen

Die Ermittlung der im Katalog angegebenen Durchschnittspreise wird durch eine Vielzahl von Faktoren beeinflußt. Diese Faktoren unterscheiden sich von Projekt zu Projekt.

Abweichungen von diesen Preisen sind entweder pauschal für alle Positionen einer Kostenberechnung möglich, oder aber nur für einzelne Bauteile. Es kann sich also die Notwendigkeit ergeben, die gesamte Kostenberechnung durch pauschale Zu- oder Abschläge auf die Bauteilpreise zu korrigieren oder aber eine Nachkalkulation der betreffenden Einzelbauteile mit selbst durchgeführten Projekten durchzuführen.

Zu den Einflußfaktoren zählen:
— Unterschiede bei Bauform und Bautyp,
— abweichender Bau- und Erhaltungszustand,
— unterschiedlicher Umfang der Grundrißveränderung,
— abweichender Ausstattungsstandard,
— Abweichungen bei Maßnahmenumfang und Bauvolumen,
— Erschwernisse bei Baustelleneinrichtung oder Materialanlieferung,
— zeitlich versetzte Ausführung/Bauabschnitte,
— besondere Mieterprobleme, Arbeiten in bewohnten Wohnungen,
— Selbsthilfeeinsatz,
— abweichende behördliche Auflagen,
— regionale Kostenstrukturen,
— konjunkturelle Schwankungen.

Eine zahlenmäßige Wertung dieser einzelnen Einflußfaktoren erscheint außerhalb eines konkreten Projektes im Detail nicht möglich, in der Praxis sind aber Kostenschwankungen von 15–20% zu belegen.

- Zu den möglichen abweichenden Kriterien der ***Bauform oder des Bautyps*** können gehören:
  — Geschoßzahl und damit das Verhältnis einzelner Bauteilmengen zur Wohnfläche,
  — besonders niedrige oder große Geschoßhöhen,
  — vollständige, teilweise oder keine Unterkellerung,
  — Dachform und Fassadengestaltung,
  — abweichende Konstruktion.

- Abweichungen im ***baulichen Erhaltungszustand*** können entweder alle vorhandenen oder aber auch nur einige wenige Bauteile betreffen und sind im Rahmen einer zuverlässigen maßlichen und technischen Bestandsaufnahme zu klären. Eine genaue Abschätzung des Schadensumfanges ist für eine Kostenprognose besonders wichtig.

- Der Umfang der vorgesehenen ***Grundrißveränderung*** beeinflußt entscheidend den erforderlichen Kostenaufwand.
  Große Wohneinheiten sind mit geringerem Aufwand zu realisieren als kleine Einheiten. Als Faustformel kann angenommen werden, daß — ausgehend von einer Normalwohnung mit 70 m^2 Wohnfläche — 10 m^2 Wohnflächenänderung ca. 6% Veränderung der Kosten je m^2 WFL bedeuten.

- ***Ausstattungsstandards*** sind in vielfältiger Form zu variieren — je nach Zielsetzung können die Unterschiede durchaus Kostenveränderungen mit einer Preisspanne von 20% bis 30% verursachen, in Einzelfällen auch mehr.
  In vielen Bauteilen sind Standardunterschiede eingearbeitet — das ist dann aus dem Text ersichtlich. Andere Bauteilkalkulationen gehen von einem mittleren Standard aus; bei Abweichungen muß dann der angegebene Preis korrigiert werden.

- Für die Preiskalkulation der ausführenden Handwerker spielen die einzelnen ***Bauteilmengen*** eine wichtige Rolle.

Bei großen Maßnahmenumfang sind in der Regel erheblich günstigere Einheitspreise zu erzielen als bei kleinen Projekten mit nur geringen Bauteilmassen. In solchen Fällen kann es Kosten sparen, einen Handwerksbetrieb mit der Ausführung verschiedener Gewerke zu beauftragen.

- Sowohl bei der ***Einrichtung der Baustelle*** als auch bei der Materialanlieferung und dem Transport innerhalb des Gebäudes treten bei Modernisierungsmaßnahmen häufig Probleme auf, die Einfluß auf die Kalkulation des ausführenden Handwerksbetriebes haben.

- Dasselbe gilt für eine zeitlich ***versetzte Ausführung*** von Modernisierungsmaßnahmen, eventuell auch in mehreren Bauabschnitten.

- Durch die ***Notwendigkeit, in bewohnten Räumen zu arbeiten***, können teurere Konstruktionen, besondere Sicherungsmaßnahmen oder spezielle Planungskonzepte erforderlich werden. Außerdem kann damit gerechnet werden, daß die Arbeiten häufig unterbrochen werden müssen. Beides hat im allgemeinen Kostensteigerungen zur Folge.

- ***Selbsthilfeleistungen*** können die Baukosten verringern — der Umfang und damit der Anteil möglicher Kosteneinsparungen schwankt aber mit den physischen und psychischen Möglichkeiten und den handwerklichen Qualitäten der Ausführenden. Einsparungen von mehr als 10% der Bauwerkskosten sind die Ausnahme. Die Planung und Überwachung dieser Leistungen erfordert besondere Sorgfalt.
  Hilfreich bei der Einschätzung des Einsparungspotentials, das durch Selbsthilfeleistungen erzielbar ist, ist eine Information zum Anteil der Lohnkosten am Bauteilpreis. Das geschieht innerhalb des Kataloges durch eine Kennzeichnung des prozentualen Lohnanteiles der einzelnen Ausführungsarten.

- Bei den ***behördlichen Auflagen*** — im wesentlichen durch die Bauaufsichtsbehörden — ist in der Praxis eine erhebliche Schwankungsbreite in den gestellten Anforderungen festzustellen. Zum Teil werden die baurechtlichen Vorschriften sehr eng ausgelegt, und es entstehen durch eine Vielzahl von Auflagen erhebliche Kosten — oder es wird von der Liberalisierung in der Anwendung des Baurechtes auf bestehende Gebäude Gebrauch gemacht, und die entsprechenden Kostenanteile entfallen. Die Differenzbeträge können sich auf 5%–10% der Bauwerkskosten addieren.
  Ein Kapitel für sich stellen die denkmalpflegerischen Auflagen dar — allein hier entstehen häufig Kostensteigerungen von 5%–10% der Bauwerkskosten, die nur zum Teil über Fördermittel aufgefangen werden können.

- Die Kosten für Bauleistungen sind ***regional*** unterschiedlich. Differenzen ergeben sich z.B. in Abhängigkeit vom jeweiligen Bundesland. Für die alten Bundesländer können Faktoren angegeben werden, mit denen die hier aufgeführten Preise zu multiplizieren sind, die Preisentwicklung in den neuen Ländern ist noch so inkonsistent, daß zuverlässige Angaben nicht möglich sind. Die Preise liegen zum Teil knapp unterhalb des Bundesdurchschnittes, teilweise aber auch 25% höher. Das betrifft auch das Land Berlin. Der Wert ist deshalb in Klammern angegeben.

Land	Faktor	Land	Faktor
Baden-Württemberg	1,02	Niedersachsen	0,89
Bayern	1,05	Nordrhein-Westfalen	0,98
Berlin	(1,25)	Rheinland-Pfalz	0,99
Brandenburg	—	Saarland	0,98
Bremen	0,93	Sachsen	—
Hamburg	1,00	Sachsen-Anhalt	—
Hessen	0,99	Schleswig-Holstein	0,92
Mecklenburg-Vorpommern	—	Thüringen	—

Einflüsse auf die Kostenstruktur ergeben sich auch daraus, ob das Gebäude in einem ländlichen Bereich oder einem Ballungsraum liegt. Auch hier können Erfahrungswerte in Form von Faktoren angegeben werden:

		Faktor
Orte bis	50.000 Einwohner	0,90 – 0,97
Städte bis	500.000 Einwohner	0,97 – 1,05
Großstädte über	500.000 Einwohner	1,05 – 1,15

Diese Faktoren gelten **nicht** für die Großstädte, die gleichzeitig Bundesländer sind (Berlin, Bremen, Hamburg). Hier ist der Einfluß der Ortsgröße schon in den oben angegebenen Faktoren (regionale Unterschiede) eingearbeitet.

Insgesamt kann sich ein Streuungsbereich von 10%–20% der Bauwerkskosten ergeben.

- ***Konjunkturelle Schwankungen*** können Preisabweichungen von +/– 10% verursachen — je nach Beschäftigungslage der Bauwirtschaft. Die entsprechenden Faktoren zur Korrektur der Preisangaben sind nach unserer Erfahrung:

	Faktor
für sehr gute konjunkturelle Lage	1,10
für gute konjunkturelle Lage	1,05
für mittlere konjunkturelle Lage	1,00
für schlechte konjunkturelle Lage	0,95
für sehr schlechte konjunkturelle Lage	0,90

2.6 Rechenbeispiel

Erforderliche Vorgaben und Unterlagen

Für die Anwendung des Bauteilkataloges zur Kostenberechnung bei der Modernisierung und Instandsetzung sind einige Vorgaben zu beachten, um zu zuverlässigen Ergebnissen zu gelangen.

Vor Beginn einer Berechnung muß eine sichere Einschätzung der vorhandenen Bausubstanz durch eine maßliche und technische Bestandsaufnahme vorhanden sein. Weiterhin ist die richtige Einschätzung von objektspezifischen Besonderheiten und Erschwernissen zur Ermittlung von Zu- oder Abschlägen besonders wichtig.

In der Fehleinschätzung dieser beiden Gesichtspunkte liegt die wesentliche Ursache für die Überschreitung des in der Kostenschätzung oder -berechnung ermittelten Kostenrahmens.

Folgende Daten und Fakten müssen bekannt sein:

— Bei der Ermittlung von Wohnflächen muß unterschieden werden zwischen der Berechnung nach DIN und der tatsächlich vorhandenen Bodenfläche — besonders bei Dachgeschoßausbauten. Während die Bauteilmenge (z.B. m^2 Bodenbelag) sich zumeist auf die tatsächlich zu bearbeitende Bodenfläche bezieht, werden Modernisierungskosten in der Regel bezogen auf die Wohnfläche nach DIN angegeben. Wird die berechnete Wohnfläche auch für Wirtschaftlichkeitsberechnungen verwendet, so sollte beachtet werden, daß durch die Bewilligung von Fördermitteln die berechneten Flächen oft verbindlich festgeschrieben werden, also entsprechend genau sein müssen.

— Grobdefinition des Modernisierungsstandards für alle wichtigen Einzelbauteile:
  — Art des Heizungssystems und Verlegeart der Leitungen,
  — Bad-, WC- und Küchenausstattung,
  — Elektroausstattung,
  — Fensterkonstruktion und -form,
  — Fußbodenaufbau,
  — Standard und Qualität der Boden- und Wandbeläge,
  — Qualität von Innentüren, Beschlägen usw.

  Im Rahmen dieser Vorgaben über den angestrebten Standard sollten jedoch immer mehrere Alternativen in der Ausführungsqualität der Einzelbauteile berechnet werden, um den direkten Kostenvergleich zu ermöglichen.

— Modernisierungsplanung mit Angabe von abzubrechenden und neu zu erstellenden Bauteilen:

  Die Modernisierungsplanung muß schon so genau sein, daß die Mengen der durch Grundrißveränderung betroffenen Bauteile wie:
  — m^2 neue Wände nach Wandstärken und Bauart,
  — m^2 Abbruch von Wänden und anderen Bauteilen,
  — Anlegen und Schließen von Türöffnungen,
  — Anzahl neuer Türen,
  — m^2 Vorsatzschalen auf vorhandenen Wänden,
  — Prinzipielle haustechnische Leitungsführung mit Durchbrüchen,
  — Anzahl und Lage von Bädern, WC's, Küchen,
  — m^2 Veränderung von Fenstern und Fenstertüren usw.

  zuverlässig bestimmt werden können.

— Massenermittlung für die Einzelbauteile:

  Bei der Massenermittlung für die Einzelbauteile sollte darauf geachtet werden, die Berechnungen nachvollziehbar zu dokumentieren, damit bei Veränderungen des Leistungsumfanges und bei der späteren Ausschreibung auf diese Unterlagen zurückgegriffen werden kann.

Arbeitsweise

Es gibt zwei unterschiedliche Herangehensweisen, um eine Kostenberechnung anhand der in diesem Buch vorliegenden Daten zu erstellen.

— Bei beiden Alternativen werden zuerst die Projektdaten in die Projektkarte eingetragen.

— Danach erfolgt die Berechnung
  — entweder anhand eines standardisierten Formblattes zur Massenerfassung, in das die aus dem Gesamtkatalog ausgewählten Bauteile eingetragen werden.
  — oder dadurch, daß vom Projektleiter oder der Projektleiterin ein Muster mit allen zukünftigen (geplanten) Bauteilen, aber ohne Mengen, sozusagen ein Blauheft, erstellt wird. In dieses Formblatt werden nur die Bauteilnummer, die ermittelten Massen für bis zu drei Standardalternativen, eventuelle Textergänzungen oder Preisänderungen, sowie bei Bedarf Kürzel/Sortierungsschlüssel eingetragen. Anhand des Formblattes kann dann eine Schreibkraft die Kostenberechnung unter Zuhilfenahme des Gesamtkataloges erstellen.

  Formularmuster für Projektkarte und Massenerfassungsliste finden sich im Anhang auf S. 259f.

— Vom Projektbearbeiter oder der Projektbearbeiterin wird — vorzugsweise mit dem EDV-Programm — ein Muster mit allen zutreffenden Bauteilen, aber ohne Mengen, sozusagen ein Blankett, erstellt. Dieses Blankett kann dann in einem weiteren Arbeitsgang mit den entsprechenden Zahlen für die Mengen ausgefüllt werden.
Im Ausdruck werden zusammenfassend die Gesamtkosten angegeben. Außerdem werden drei Auswertungen erstellt. Dabei wird für die einzelnen Kostengruppen, Leistungsbereiche und die selbst vergebenen Kennungen (z.B. Modernisierung/Instandsetzung) der jeweilige prozentuale Anteil an den Gesamtkosten angegeben.
Im Ergebnis wird die berechnete Baukosten-Summe insgesamt angegeben, und zusätzlich auf m^2 Wohnfläche oder m^2 Nutzfläche umgerechnet, ebenso auf Stück Wohn- oder Nutzeinheiten. Diese Umrechnung ist erforderlich, weil m^2 Wohn- oder Nutzfläche die übliche Einheit zur Angabe und für den Vergleich von Modernisierungskosten ist.

Anhand einer derartigen Kostenberechnung können nun detailliert individuelle Standardwünsche in ihren Auswirkungen auf die Baukosten bewertet und Kostenbeeinflussungen vorgenommen werden.

Rechenbeispiel

Die Anwendung des Bauteil-Kataloges in der konkreten Projektbearbeitung soll im folgenden an einem Beispiel verdeutlicht werden.

Für eine aus drei Häusern in einem Wohnblock bestehende Maßnahme wird die Berechnung erstellt:
— getrennt für die drei Hausnummern,
— jedes Haus in einem anderen Standard,
— mit jeweils etwas unterschiedlichen Projektdaten.

Als erster Schritt sind im Anschluß die Projektdaten abgebildet, danach folgt ein Auszug aus dem Massenerfassungsblatt, in das die Bauteilnummern, Mengen und zusätzlichen Angaben (die Kennung für Modernisierung/Instandsetzung und Textergänzungen) eingetragen wurden.
Weiter ist die Bauteilberechnung des gekennzeichneten Teils der Massenermittlung dargestellt.
Zum Schluß folgt ein Ausschnitt aus der Zusammenstellung und Auswertung.

Beispiel: Deckblatt mit Projektdaten

Modernisierung und DG-Ausbau Projektnummer: 0406.95			
Stand (Quartal/Jahr): I/95			
Projekt: Hauptstr. 10, 12 + 14 in B-Stadt Bauherr: Gemeinnützige Wohnbau GmbH, Hauptstr. 6-8 in B-Stadt			
Projektdaten Beschreibung:	A Einfacher Standard Hauptstr. 10	B Mittlerer Standard Hauptstr. 12	C Gehobener Standard Hauptstr. 14
m^2 Wohnfläche:	285,00 m^2	290,00 m^2	290,00 m^2
m^2 Gewerbefl.	0,00 m^2	0,00 m^2	0,00 m^2
m^2 Nutzfläche	285,00 m^2	290,00 m^2	290,00 m^2
Zahl der WE:	4 WE	7 WE	7 WE
Zahl der GE:	0 GE	0 GE	0 GE
Summe WE + GE:	4 WE/GE	7 WE/GE	7 WE/GE
m^3 Rauminhalt:	1385 m^3	1395 m^3	1445 m^3
Bearbeitungsdatum: 15.02.95			

Beispiel: Massenerfassungsliste (Auszug)

Massenerfassungsliste Projekt: Hauptstraße 10, 12, 14 in B-Stadt									
DIN 276	AK	AA	Einh.	Preis	Menge A	Menge B	Menge C	KNG	Textergänzungen zum Bauteiltext des Einzelbauteiles
210	02	01	m^3	170	9	9	9	M	
210	02	11	m^3	53	2	/	/	M	
210	02	12	m^3	285	7	9	9	M	
220	01	41	St	2375	1	1	1	M	
.....									
361	02	02	m	145	1	1	1	M	Veränderung der Pfettenpfosten + Kopfbänder
361	11	02	m	1240	6	8	6	M	
.....									
334	02	02	m^2	860	9	3	/	M	
334	02	03	m^2	750	14	14	/	M	
334	02	12	m^2	780	35	38	/	M	
334	03	02	m^2	1060	/	/	7	M	
334	03	03	m^2	920	/	/	14	M	
334	03	12	m^2	950	/	/	35	M	
334	35	11	m	99	52	50	48	M	
334	36	11	m	43	52	50	/	M	
334	36	31	m	55	/	/	48	M	
.....									
334	41	01	ST	2750	/	1	/	M	
334	41	02	ST	4100	/	/	1	M	
334	75	11	ST	365	1	/	/	I	

Kennung (KNG): M = Modernisierung, I = Instandsetzung

Für ein durchschnittliches Einzelprojekt kann davon ausgegangen werden, daß je nach Umfang der Modernisierung und Instandsetzung ca. 70 – 90 Bauteilpositionen für eine vollständige Kostenberechnung erforderlich sind.

Beispiel: Bauteilkostenberechnung „Außenfenster“

DIN 276	AK	AA	Bezeichnung	Einheit	Preis	Menge A Betrag A	Menge B Betrag B	Menge C Betrag C
334			Außenfenster					
	02		Holzfenster, Isolierverglasung, incl. Ausbau altes Fenster und Schuttabfuhr, Verglasung, Beschläge, Beiputz und dauerelastischer Fugenabdichtung					
		02	Einflügelig, Größe 0,50 – 1,00 m²	m²	860,00	9 7740,—	3 2580,—	
		03	Einflügelig, Größe 1,00 – 1,75 m²	m²	750,00	14 10500,—	14 10500,—	
		12	Mehrflügelig, Größe 1,75 – 2,50 m²	m²	780,00	35 27300,—	38 29640,—	
	03		Holzsprossenfenster, Isolierglas, in denkmalgerechter Ausführung hinsichtlich Profilstärken, Teilung und Profilierung, incl. Ausbau altes Fenster und Schuttabfuhr, Beiputz und dauerelastischer Fugenabdichtung					
		02	Einflügelig, Größe 0,50 – 1,00 m²	m²	1060,00			7 7420,
		03	Einflügelig, Größe 1,00 – 1,75 m²	m²	920,00			14 12880,—
		12	Mehrflügelig, Größe 1,75 – 2,50 m²	m²	950,00			35 33256,—
	35		Außenfensterbänke, incl. Ausbau der alten Fensterbänke und Schuttabfuhr, notwendiger Vorarbeiten, Beiputz, Untermörtelung und dauerelastischer Fugenabdichtung					
		11	Aluminium, B bis 15 cm	m	99,00	52 5148,—	50 4950,—	48 4752,—
	36		Innenfensterbänke, incl. Ausbau der alten Fensterbänke und Schuttabfuhr, notwendiger Vorarbeiten, Beiputz, Untermörtelung, Oberflächenbehandlung und dauerelastischer Fugenabdichtung					
		11	Spanplatte, Kunststoff, B bis 15 cm	m	43,00	52 2236,—	50 2150,—	
		31	Naturstein, B bis 15 cm	m	55,00			48 2640,—
			Summe 334			52924,—	49820,—	60948,—

Beispiel: Zusammenstellung der berechneten Bauteil-Kosten

DIN 276	Kostengruppe	Einfacher Standard Hauptstr. 10		Mittlerer Standard Hauptstr. 12		Gehobener Standard Hauptstr. 14	
100	Grundstück	2000	0,7%	2000	0,5%	2000	0,4%
200	Herrichten und Erschließen	1200	0,4%	1200	0,3%	1200	0,2%
300	Bauwerk-Baukonstruktionen	168000	54,5%	208000	54,3%	273000	55,2%
400	Technische Anlagen	78500	25,5%	101500	26,5%	128500	26,0%
500	Außenanlagen	5000	1,6%	4000	1,0%	5000	1,0%
600	Ausstattung + Kunstwerke	2000	0,6%	2500	0,7%	3000	0,6%
700	Baunebenkosten	51300	16,7%	63800	16,7%	82300	16,7%
	Gesamtkosten	308000	100,0%	383000	100,0%	495000	100,0%
	Kosten je m² Nutzfläche:	1081		1321		1707	
	Kosten je WE/GE	77000		54714		70714	
	Kosten je m³ Rauminhalt:	222		275		343	

Hinweise zur Benutzung des Preisindex

Preisindex (Gebiet der alten Bundesländer) für Wohngebäude, gemischtgenutzt, Fachserie 17, Reihe 4
nach Angabe des Statistischen Bundesamtes
65180 Wiesbaden
Tel.: 06 11 / 7 51, FAX: 06 11 / 72 40 00
oder der einzelnen Landesämter

Die Werte werden auch im Deutschen Architektenblatt veröffentlicht.

Aufgrund einiger Nachfragen beim Verlag und den Autoren sollen hier verschiedene Möglichkeiten dargestellt werden, mit deren Hilfe die in diesem Katalog aufgeführten Kostenwerte auf einen neuen Stand umgerechnet werden können. Innerhalb des EDV-Programmes wird diese Berechnung selbstverständlich automatisch nach Eingabe des für dieses Projekt aktuellen Indexwertes durchgeführt. Für die Kolleginnen und Kollegen, die einzelne Preise „von Hand" rechnen wollen, sind hier drei Gleichungen angegeben. Mit deren Hilfe lassen sich die in diesem Buch abgedruckten Zahlen auf den neuesten Stand bringen.

1. Die Division des vorhandenen DM-Wertes durch die dazugehörige Indexzahl (I-Ist) und Multiplikation mit dem gewünschten (erwarteten) Indexwert (I-Soll) ergibt den gesuchten Preis.

$$\frac{\text{Preis vorh.} \times \text{I-Soll}}{\text{I-Ist}} = \text{Preis gesucht}$$

Analog erfolgt die Umrechnung zwischen Indexreihen mit unterschiedlichen Bezugsjahren.

2. Die Division des gewünschten (I-Soll) durch den vorhandenen (I-Ist) Indexwert ergibt einen Faktor (F), mit dem der vorhandene Preis zu multiplizieren ist, um den gesuchten Wert zu erhalten.

$$\frac{\text{I-Soll}}{\text{I-Ist}} = F$$

3. Dieser Faktor (F) ergibt nach Abzug des Wertes 1 und Multiplikation mit 100 den prozentualen Unterschied zwischen den beiden DM-Beträgen.

$$(F - 1) \times 100 = \text{Unterschied in \%}$$

Jahr	Monat	Index (1976=100)	Differenz z. Vorjahr	Differenz z. Vorquartal
1976	Feb	97,7		
	Mai	100,0		0,3
	Aug	100,9		0,9
	Nov	101,4		0,5
1977	Feb	102,2	4,5	0,8
	Mai	104,9	4,9	2,7
	Aug	105,7	4,8	0,8
	Nov	106,0	4,6	0,3
1978	Feb	108,2	6,0	2,2
	Mai	110,3	5,4	2,1
	Aug	112,4	6,7	2,1
	Nov	113,2	7,2	0,8
1979	Feb	115,1	6,9	1,9
	Mai	120,4	10,1	5,3
	Aug	123,7	11,3	3,3
	Nov	125,2	12,0	1,5
1980	Feb	128,8	13,7	3,6
	Mai	134,4	14,0	5,6
	Aug	136,0	12,3	1,6
	Nov	136,8	11,6	0,8
1981	Feb	138,3	9,5	1,5
	Mai	142,3	7,9	4,0
	Aug	143,3	7,3	1,0
	Nov	143,5	6,7	0,2
1982	Feb	144,6	6,3	1,1
	Mai	146,2	3,9	1,6
	Aug	146,8	3,5	0,6
	Nov	146,2	2,7	−0,6
1983	Feb	146,5	1,9	0,3
	Mai	148,4	2,2	1,9
	Aug	150,5	3,7	2,1
	Nov	150,8	4,6	0,3
1984	Feb	151,5	5,0	0,7
	Mai	153,1	4,7	1,6
	Aug	153,3	2,8	0,2
	Nov	153,1	2,3	−0,2

Jahr	Monat	Index (1976=100)	Differenz z. Vorjahr	Differenz z. Vorquartal
1985	Feb	153,1	1,6	0,0
	Mai	152,9	−0,2	−0,2
	Aug	153,7	0,4	0,8
	Nov	153,9	0,8	0,2
1986	Feb	154,2	1,1	0,3
	Mai	155,4	2,5	1,2
	Aug	156,0	2,3	0,6
	Nov	156,5	2,6	0,5
1987	Feb	156,9	2,7	0,4
	Mai	158,5	3,1	1,6
	Aug	159,1	3,1	0,6
	Nov	159,4	2,9	0,3
1988	Feb	159,8	2,9	0,4
	Mai	161,5	3,0	1,7
	Aug	162,6	3,5	1,1
	Nov	163,4	4,0	0,8
1989	Feb	164,9	5,1	1,5
	Mai	167,4	5,9	2,5
	Aug	168,7	6,1	1,3
	Nov	170,0	6,6	1,3
1990	Feb	173,7	8,8	3,7
	Mai	178,3	10,9	4,6
	Aug	180,4	11,7	2,1
	Nov	181,9	11,9	1,5
1991	Feb	184,9	11,2	3,0
	Mai	190,8	12,5	5,9
	Aug	193,3	12,3	2,5
	Nov	195,0	13,1	1,7
1992	Feb	198,7	13,8	3,7
	Mai	202,7	11,9	4,0
	Aug	205,3	12,0	2,6
	Nov	206,3	11,3	1,0
1993	Feb	210,1	11,4	3,8
	Mai	213,6	10,9	3,5
	Aug	214,5	9,2	0,9
	Nov	214,9	8,6	0,4
1994	Feb	216,0	5,9	1,1
	Mai	218,1	4,5	2,1
	Aug	219,3	4,8	1,2
	Nov	220,0	5,1	0,7
1995	Feb	221,8	5,8	1,8
	Mai	224,2	6,1	2,4
	Aug			
	Nov			
1996	Feb			
	Mai			
	Aug			
	Nov			

3. Baunebenkosten

Bei der Ermittlung der Gesamt-Kosten eines Projektes werden meist die Bauwerkskosten in den Vordergrund gestellt und die Baunebenkosten zu sehr vernachlässigt.

Bedenkt man jedoch, daß diese Baunebenkosten in vielen Fällen 20 bis 25 % der Gesamt-Kosten ausmachen und daß es hier häufig zu gewaltigen Fehleinschätzungen kommt, so muß man erkennen, wie wichtig gerade die genaue Erfassung der objektspezifischen Nebenkosten ist.

Die Höhe der Baunebenkosten erreicht gerade bei der Modernisierung oft die gleichen Kosten wie z. B. die gesamte Haustechnik, d. h. wie Heizung, Sanitärinstallation, Elektroinstallation, zusammen.

Fehleinschätzungen können geradezu katastrophale Folgen haben für die Einhaltung der Gesamt-Kosten, aber auch für die Bereitstellung der Mittel der mit einer Modernisierung verbundenen besonderen Untersuchungen.

Durch die meist komplizierte Aufgabe, vor die die Planungsbeteiligten bei der Modernisierung gestellt werden und durch die vielen Erschwernisse bei der Baudurchführung, fallen bei der Erneuerung und Erhaltung alter Gebäude in der Regel erheblich höhere Baunebenkosten als bei einem Neubau an.

Es ist deshalb dringend erforderlich, bereits in der Phase der Kostenvorschätzungen bzw. in der Erstellungsphase des Kostenrahmens, die Nebenkosten genau und detailliert zu erfassen.

Der Ansatz für die Baunebenkosten muß auch deshalb ausreichend bemessen sein, damit alle für das Bauwerk erforderlichen Untersuchungen, Planungen und organisatorischen Maßnahmen durchgeführt werden können.

Eine Vielzahl von Einflußfaktoren spielen eine ausschlaggebende Rolle für die tatsächlich entstehenden Baunebenkosten.

So zum Beispiel:
— Modernisierungsumfang,
— Modernisierungsstandard,
— Modernisierungsschwierigkeiten,
— die Beteiligung der Mieter an der Modernisierung,
— die Betreuung der Mieter,
— das Einschalten von Fachingenieuren, Gutachtern und Sonderfachleuten,
— Umsetzungsprobleme, Finanzierung etc.

Viele dieser Leistungen sind zwingende Voraussetzungen für die Durchführung einer Maßnahme und ermöglichen erst eine einwandfreie Modernisierung.

Einsparungen an der falschen Stelle können leicht zu unübersehbaren Schwierigkeiten führen.

Grundlage DIN 276 (Juni 1993)

Die DIN 276 behandelt die Kosten von Hochbauten und umfaßt auch den Bereich der Baunebenkosten.

Die vorliegende Darstellung richtet sich im Prinzip nach der Gliederung dieser DIN.

Aufgrund mehrerer hundert abgerechneter Projekte sowie der in der Praxis üblichen Kosten wurden die für die Modernisierungsmaßnahmen üblichen Nebenkosten zusammengestellt.

Den Fall, daß alle aufgelisteten Nebenkosten gleichzeitig anfallen, wird es in der Praxis kaum geben.

Besonders hohe Werte fallen jedoch immer bei komplizierten Bauvorhaben oder bei besonders kleinen Projekten mit großer Grundrißveränderung, hohem technischem Aufwand und bei Mieter- und Bewohner-Betreuung mit dazugehörigen Umsetzungsproblemen an.

Festzustellen bleibt, daß folgende Baunebenkosten in der Praxis üblich sind:

1. für größere Projekte oder für besonders einfache Maßnahmen:
   1. Bestandserfassung und Bestandspläne
   2. Verwaltungsleistungen des Bauherrn
   3. Planung und Bauleitung Architekt und Ingenieur
   4. Finanzierung
   5. Allgemeine Baunebenkosten und Genehmigungen

   Größenordnung: 15 – 18% der Baukosten
2. für Projekte mit durchschnittlichen Schwierigkeiten fallen im allgemeinen folgende Kosten an:
   1. Bestandserfassung, Bestandspläne
   2. Verwaltungsleistungen
   3. Planung und Bauleitung Architekt und Ingenieur
   4. Finanzierung
   5. Allgemeine Baukosten
      - 5.1 Behördliche Genehmigungen, Abnahmen
      - 5.2 Mieterentschädigungen
      - 5.3 Ersatzwohnungen und Umzüge
      - 5.4 Mieterbetreuung
      - 5.6 Versicherungen
      - 5.7 sonstige Baunebenkosten

   Größenordnung: 18 – 23% der Baukosten
3. Bei extrem schwierigen Projekten und beim Zusammentreffen vieler erschwerender Faktoren sind Gesamt-Nebenkosten bis zu 23 – 28% möglich.

Trotz dieser hohen Werte ist festzustellen, daß die gültigen Gebührenordnungen, z. B. die Gebührenordnung für Architekten und Ingenieure (HOAI), bei weitem nicht den hohen Anforderungen, die an eine Modernisierungsplanung gestellt werden, gerecht werden, d. h. die derzeitigen Architekten-Honorare sind zu niedrig.

Untersuchungen in den Büros von Modernisierungs-Spezialisten, aber auch durch Professor Pfarr, Berlin, beweisen, daß der in der HOAI festgelegte Modernisierungszuschlag von 20–33% bei weitem nicht ausreicht und daß in vielen Fällen eine Erhöhung der Neubaugebühren auf das Doppelte, d. h. um 100%, angebracht wäre.

Betrachtet man die Baunebenkosten einmal im Detail, so ergeben sich für deren Berechnung folgende Werte (Stand 1/95):

720 Vorbereitung der Objektplanung

01 Bestandsaufnahme und Bestandspläne

Die Bestandsaufnahme vorhandener Gebäude ist eine der wesentlichsten Aufgaben bei der Modernisierung.

Erst nach einer gründlichen maßlichen und technischen Bestandsaufnahme, der Erstellung von Bestandsplänen sowie nach der Erfassung der Bewohnerdaten kann eine richtige Planung, eine genaue Kostenschätzung und Kostenberechnung sowie eine brauchbare Ausschreibung erfolgen.

Die Nachkalkulation von mehreren hundert aufgenommenen Projekten seit 1976 ergibt für die Kosten der Bestandsaufnahme folgende Werte, für die m^2 aufzunehmende Fläche (BGF), d. h. für die Addition aller zu untersuchenden Bereiche — z. B. Keller-, Erd-, Ober- und Dachgeschosse — unabhängig ob ausgebaut oder nicht:

Bestandsaufnahme:	**Einfache Stufe** gute Bausubstanz oder 10 WE (DM/qm BGF):	**Normal-Stufe** allgemein oder 2 – 10 WE (DM/qm BGF):	**Schwierigkeitsstufe** techn. schwierig oder 1 – 2 WE (DM/qm BGF):
1. Maßliche Bestandsaufnahme	4,00	4,50	6,25
2. Bestandspläne	7,00	8,00	9,00
3. Technische Bestandsaufnahme	4,00	4,50	6,25
4. Bestandsaufnahme + Bestandspläne Insgesamt	15,00	17,00	21,50
5. Erfassung der Bewohnerdaten		175 – 250 DM/WE	

Preisstand 1/95

Für die Kurzbegehung mit vereinfachter Kostenschätzung nach m^2-Richtwerten haben sich Werte von 2,50 – 3,50 DM/m^2 je m^2 aufzunehmender Fläche (BGF) als Richtwert herausgestellt.

Verformungsgerechtes Aufmaß

Eine besonders intensive Form der maßlichen Bestandsaufnahme und der Erstellung der Bestandspläne ist das „verformungsgerechte Aufmaß“.

Es wird vor allen Dingen im Bereich der Aufnahme von denkmalgeschützten Bauwerken praktiziert.

In sehr vielen Fällen wird es auch vom Denkmalpfleger als Grundlage einer Bestandsanalyse, der Bewertung des Bauwerks hinsichtlich seiner Erstellung und seiner bauhistorischen Entwicklung, der Forschung sowie als Unterlage für die spätere Planung gefordert.

Alle Verformungen des Gebäudes, sowohl am Baukörper als an den einzelnen Bauteilen werden bei diesem verformungsgerechten Aufmaß an Ort und Stelle von Hand oder mit Hilfe von geodätischen Hilfsmitteln aufgenommen und direkt im Maßstab 1:50, 1:20 und 1:10, in Ausnahmefällen auch 1:1 aufgetragen.

Fällt es schon schwer für eine normale Bestandsaufnahme Richtwerte zu nennen, so ist dies für das verformungsgerechte Aufmaß und seine Darstellung fast unmöglich.

Als Anhaltspunkt soll jedoch auch hier der Versuch gewagt werden, einige Werte zu veröffentlichen. Je nach Aufgabenstellung und Gebäude gibt es verschiedene Arten des verformungsgerechten Aufmaßes. Dabei wird die Genauigkeit des verformungsgerechten Aufmaßes in Kategorien aufgeteilt. Diese bestimmen Aufwand und Kosten.

Wichtig ist, die Richtsatzkosten nach dem umbauten Raum (m^3) festzulegen, weil die Bruttogeschoßfläche vor allen Dingen bei hohen Gebäuden wie Kirchen, Hallenbauten etc. keinen genauen Maßstab bietet.

In unserer nachfolgenden Tabelle haben wir sowohl die m^3 Richtsatzkosten angegeben als auch die Kosten nach m^2 BGF aller aufzunehmenden Geschosse. Dabei sind wir davon ausgegangen, daß es sich um normale Gebäude mit einer durchschnittlichen Geschoßhöhe von 2,50 m bis 3,50 m handelt. Die Kosten zur Erfassung normaler Wohnhäuser lassen sich also auch nach m^2 BGF ermitteln. Im Zweifelsfalle sollte man jedoch auf den Richtwert für den umbauten Raum zurückgreifen.

Folgende Werte ergeben sich für die einzelnen Schwierigkeitsstufen des verformungsgerechten Aufmaßes:

Stufe	Genauigkeitsstufen	DM/m³ von bis	DM/m² von bis
Stufe I sehr einfach	Einfache Dokumentation Schematisches direktes Auftragen vor Ort Darstellung: M 1:100 Außenabmessungen, lichte Raummaße, Wandöffnungen, Konstruktionsstärken, Diagonalmaße, vereinfachte Darstellung von Dach und Fach	2,00–6,00	5,00–20,00
Stufe II einfach	Annähernd wirklichkeitsgetreue Dokumentation Wirklichkeitsgetreues Aufmaß Darstellungsgenauigkeit +/– 10 cm Verformungen müssen ablesbar sein Darstellung: 1:50 (ausnahmsweise 1:100, 1:20) Konstruktionen, Spannrichtung Deckenbalken, Durchbiegungen, Gefälle, Neigungen, Hinweise auf frühere Zustände	6,00–10,00	20,00–35,00
Stufe III normal	Exaktes verformungsgetreues Aufmaß Den Anforderungen der Bauforschung entsprechend Dreidimensionales Vermessungssystem Darstellungsgenauigkeit +/– 2,5 cm Darstellung: 1:50 (ausnahmsweise 1:20) Wandkonstruktion und Struktur, Deckenkonstruktion und Untersicht, Fußbodenaufbau und Struktur, Baufugen, Bauschäden, Hinweis auf frühere Bauzustände, Beschreibung von Material und Konstruktion	10,00–20,00	30,00–90,00
Stufe IV kompliziert	Exaktes verformungsgetreues Aufmaß Für schwierige Umbaumaßnahmen und für Rekonstruktionen Darstellungsgenauigkeit +/– 2 cm Maßstab 1:20 (z.T 1:10); Großmaßstäbliche Bauaufnahme von Holzverbindungen etc. Nachtragen von Details im Zuge der Baumaßnahme, Einarbeitung statischer Aussagen etc. Erreicht werden muß eine große Darstellungsgenauigkeit	25,00–30,00	70,00–110,00
Genaue Werte können nur als Einzelkalkulation objektweise ermittelt werden. (Die Genauigkeitsstufen wurden einer Ausarbeitung des Landesdenkmalamts Baden-Württemberg entnommen.)			

Preisstand 1/95

11 Verwaltungsleistungen des Bauherrn

Die Berechnung der Kosten für Verwaltungsleistungen des Bauherrn und ihre Höhe sind in der II. Berechnungsverordnung festgelegt (8 Abs. 3 II. BV).

Danach ergeben sich — abhängig von den verschiedenen Baukosten — folgende Werte in % dieser Baukosten:

(3) Der Berechnung des Höchstbetrages für die Kosten der Verwaltungsleistungen ist ein Vomhundertsatz der Baukosten ohne Baunebenkosten und, soweit der Bauherr die Erschließung auf eigene Rechnung durchführt, auch der Erschließungskosten zugrunde zu legen, und zwar bei Kosten in der Stufe

1. bis 250000 Deutsche Mark einschließlich 3,40 vom Hundert,
2. bis 500000 Deutsche Mark einschließlich 3,10 vom Hundert,
3. bis 1000000 Deutsche Mark einschließlich 2,80 vom Hundert,
4. bis 1600000 Deutsche Mark einschließlich 2,50 vom Hundert,
5. bis 2500000 Deutsche Mark einschließlich 2,20 vom Hundert,
6. bis 3500000 Deutsche Mark einschließlich 1,90 vom Hundert,
7. bis 5000000 Deutsche Mark einschließlich 1,60 vom Hundert,
8. bis 7000000 Deutsche Mark einschließlich 1,30 vom Hundert,
9. über 7000000 Deutsche Mark 1,00 vom Hundert.

Die Vomhundertsätze erhöhen sich

1. *um 0,5 im Falle der Betreuung des Baues von Eigenheimen, Eigensiedlungen und Eigentumswohnungen sowie im Falle des Baues von Kaufeigenheimen, Trägerkleinsiedlungen und Kaufeigentumswohnungen,*
2. *um 0,5, wenn besondere Maßnahmen zur Bodenordnung (5 Abs. 2 Satz 2) notwendig sind,*
3. *um 0,5, wenn die Vorbereitung oder Durchführung des Bauvorhabens mit sonstigen besonderen Verwaltungsschwierigkeiten verbunden ist,*
4. *um 1,5 wenn für den Bau eines Familienheimes oder einer eigengenutzten Eigentumswohnung Selbsthilfe in Höhe von mehr als 10 vom Hundert der Baukosten geleistet wird.*

730 Architekten- und Ingenieurleistungen

01 Planung und Bauleitung der Architekten und Ingenieure

1. Architektenhonorare

Grundlage für die Berechnung der Gebühren von Architekten und Ingenieuren ist die Honorarordnung für Architekten und Ingenieure (HOAI). Die Honorare richten sich nach den Baukosten sowie nach den von Planern zu erbringenden Teilleistungen. Die nachfolgende Tabelle geht von 100%igen Teilleistungen bei den Architekten sowie von einem 20%igen Modernisierungs-Zuschlag aus.

In der Spalte 2 sind die Architekten-Honorare für die Honorar-Zone III, in der Spalte 4 die Architekten-Honorare für die Honorar-Zone IV erfaßt.

Bei öffentlich gefördertem Wohnungsbau ist Honorarzone III (Mindestsatz) üblich.

Honorare zur Althausmodernisierung

1	2	3	4	5	6	7	8	9	10	11	12	13
Honorarfähige Kosten DM	Architektenhonorar Honorarzone III + 20% = Summe		Architektenhonorar Honorarzone IV + 20% = Summe		Rohbaukosten incl. MWSt. 33%	Tragwerksplaner Honorar Honorarzone II + 20% = Summe		Gebühren Bauaufsicht[1]	Gebühren Prüfstatik[1]	Summe Spalten 9+10	Summe Spalten 3, 8, 11 Zone III	Summe Spalten 5, 8, 11 Zone IV
	in DM	% von Spalte 1	in DM	% von Spalte 1	Baukosten	in DM	% von Spalte 1	DM	DM	% von Spalte 1	% von Spalte 1	% von Spalte 1
50 000	5850		7540			2320						
	1170		1508			464						
	7020	14,04	9048	18,10	19166	2784	5,57	291	247	1,08	20,69	24,75
100 000	11550		14810			3509						
	2310		2962			701						
	13860	13,86	17772	17,77	38333	4210	4,21	583	434	1,02	19,09	23,00
500 000	52650		64540			12916						
	10530		12908			2583						
	63180	12,64	77448	15,49	191666	15499	3,10	2913	1698	0,92	16,66	19,51
1 000 000	87770		111030			22643						
	17554		22206			4528						
	105324	10,53	133236	13,32	383333	27171	2,72	5627	2731	0,84	14,09	16,88
5 000 000	368610		462180			83469						
	73722		92436			16693						
	442332	8,85	554616	11,09	1916666	100162	2,00	29133	10714	0,80	11,65	13,89

Preisstand HOAI, Ausgabe 1. 1. 1996, sowie z.Zt. geltende sonstigen Gebührenvorschriften

1) Berechnet für Nordrhein-Westfalen

2. Honorar Tragwerks-Planung

In vielen Fällen wird bei einer behutsamen Modernisierung eine Tragwerks-Planung nicht anfallen.

Bei größeren Grundrißveränderungen ist sie jedoch unabdingbar.

In der Tabelle sind wir von Kosten des Tragwerks in Höhe von 33% der Baukosten ausgegangen (Spalte 6). In der Rubrik 7 ist das Honorar des Tragwerks-Planers zu ersehen. Grundlage ist dabei die Honorarzone II, Mindestsatz. Die Honorarzone III, gleichfalls häufig angewandt, würde eine Erhöhung um 15 – 20%, bei Honorarzone IV eine Erhöhung von 45 – 50% bedeuten.

3. Gebühr Bauaufsicht und Prüfstatik

Des weiteren sind in den Spalten 9 und 10 der Tabelle noch die Gebühren für Baugenehmigung, Bauüberwachung und den Prüfingenieur erfaßt (Kostenstellen 2.4.2, 2.4.10 – 2.4.10.3 und 2.4.8.1 Verwaltungsgebührenordnung NW). In den Spalten 12 und 13 erfolgt die Zusammenfassung der Honorare für Architekten-Honorar, Tragwerks-Planung und bauaufsichtliche Gebühren.

4. Kosten der Leistungen von Fachingenieuren

Die Leistungen von Fachingenieuren werden im Regelfall bei der Modernisierung unterschiedlich anfallen. Besonders bei großen oder komplizierten Projekten ist die Einschaltung eines Fachingenieurs jedoch unabdingbar. Die Leistungen und die Aufgliederungen der Einzelleistungen richten sich nach den gültigen Erlassen z. B. zur II. Berechnungsverordnung sowie nach der HOAI.

Dies sähe dann wie folgt aus, wenn nur die Planungsphase anstünde:

Teilleistungen:

1. Grundlagenermittlung	mit 3%
2. Vorplanung	mit 11%
3. Entwurfsplanung	mit 15%
4. Genehmigungsplanung	mit 6%
5. Ausführungsplanung	mit 18%
6. Vorbereitung der Vergabe (Massenermittlung und LV)	mit 6%
7. Mitwirkung bei der Vergabe	mit 5%
Summe der Teilleistungen	64%

Im Modellfall wurde ein mittlerer Umbauzuschlag von 25% gewählt.

Grundlage für unsere Berechnung war der normale Modernisierungsfall.

Höhere Gebühren können anfallen bei außergewöhnlichen Schwierigkeiten in konstruktiver und betriebstechnischer Hinsicht oder falls der Ingenieur auch die örtliche Bauaufsicht übernimmt.

Beträge (DM) und Prozentsätze
für Fachingenieur-Leistungen für Heizung, Sanitär, Elektro

1	2	3	4	5	6
Gesamtbaukosten (netto, ohne MwSt.)	bei 25% Gewerkskostenanteil von	Mindesthonorar Zone II, § 74 HOAI, bei 100% Teilleistungen	bei 64% Teilleistungen	zuzüglich 25% Umbauzuschlag	Die Honorarsumme in Spalte 5 ergibt ... % der Gesamtbaukosten
50000	12500	4490	2873	3592	7,18
100000	25000	7785	4982	6228	6,23
500000	125000	27725	17744	22180	4,44
1000000	250000	46200	29568	36960	3,70
5000000	1250000	175010	112006	140008	2,80

Preisstand HOAI, Ausgabe 1. 1. 1996

5. Gartenarchitekt

Sicher werden auch Garten- und Landschaftsarchitekten im Bereich von Modernisierungen und Umnutzungen tätig, jedoch in den meisten Fällen nur bei größeren, aufwendigeren Projekten. Ein Bezug auf die Baukosten ist in Anbetracht der differenzierten Materie jedoch nicht möglich.

760 Finanzierung

01 Kosten für die Finanzierung

Bei den Kosten für die Finanzierung muß berücksichtigt werden, daß der Kapitalmarktzins und die Konditionen für die Finanzierung ständigen Schwankungen unterworfen sind und sich dadurch die angegebenen Werte häufig verändern.

Basis für die Finanzierungskosten sind auch nicht die Baukosten, sondern ist immer die Höhe der aufzunehmenden Darlehenssumme sowie die Art der Finanzierung, z.B. über Banken, Sparkassen oder Bausparkassen.

Die Kosten sind also einzeln zu ermitteln und zwar nach dem jeweiligen Stand des Kapitalmarkts, nach der vorgesehenen Finanzierungsart und nach dem Finanzierungsumfang.

Derzeit (Stand Frühjahr 1995) kann davon ausgegangen werden, daß die Kosten für die Beschaffung der Finanzierungsmittel sich zwischen 2 und 8% der Darlehenssumme bewegen.

Geht man davon aus, daß ca. 50% des Projekts über Darlehen finanziert wird, würden die Kosten für eine Beleihungsprüfung bei 0,5 bis 1% der Gesamtbaukosten liegen.

02 Zinsen und Zwischenfinanzierungszinsen

Von der Annahme ausgehend, daß eine detaillierte Budgetplanung erfolgt, sollten an einem Projekt bei der Baudurchführung und bei der Bauvorbereitung kaum Finanzierungskosten anfallen.

Die Kosten für Vor- und Zwischenfinanzierung und Zinsen über die Bauzeit können modellhaft wie folgt berechnet werden:

Darlehen: 50% der Baukosten;
Davon erforderlich während der Bauzeit: ca. 50%
Bei Ansatz von 8% Zinsen pro Jahr bedeutet dies Nebenkosten in Höhe von 1% der gesamten Baukosten

Ergebnis:
Die Kosten für Zinsen und Zwischenfinanzierung dürften sich je nach Maßnahme zwischen 0,5 und 2,0% der Baukosten belaufen.

770 Allgemeine Baunebenkosten

01 Allgemeine Baunebenkosten
Behördliche Prüfung und Abnahme

Kosten für Vermessungen fallen im allgemeinen bei der Althausmodernisierung nicht an.

Die Kosten für die Baugenehmigung und für die Prüfstatik sind in Tabelle Seite 47 enthalten. Falls sie überhaupt anfallen (es ist zu überprüfen, ob das Projekt überhaupt einer Genehmigung bedarf), belaufen sich die Kosten für die allgemeinen Baunebenkosten und für die behördlichen Prüfungen auf 0,5 bis 1,6%.

11 Mieterentschädigungen

Für vom Mieter — mit Genehmigung des Vermieters —, durchgeführte Einbauten ist der Mieter im Falle der Modernisierung zu entschädigen, z. B. bei der Zerstörung eines mieterseits eingebauten Badezimmers, einer Heizung, von Dekorationen etc.

Die Mieterentschädigung ist kostenmäßig kaum zu erfassen und in allen Projekten sehr unterschiedlich. Dies gilt auch für die Entschädigung für evtl. Belästigung während der Bauzeit.

Es empfiehlt sich mit dem Mieter eine Pauschalvereinbarung für diese Entschädigung zu treffen, damit nicht Einzelnachweise zu erheblichem Aufwand führen und zu Präzedenzfällen für den Nachbarn werden.

Entschädigungshöhen von 200 bis 800 DM je WE sind üblich und können im Einzelfall sogar zwischen 1000 und 2000 DM liegen, d.h. im Normalfall 0,2–0,8% der Baukosten.

12 Ersatzwohnraum bereitstellen

Die bei der Modernisierung häufig anzutreffende Situation, daß die zu modernisierenden Häuser bewohnt sind, stellt Eigentümer und Planende vor das Problem Ausweichwohnungen bereitstellen zu müssen.

Eine Alternative stellt hier der Wohncontainer dar. Diese vor allen Dingen im Ausland häufig praktizierte Lösung hat sich in Deutschland nur deshalb noch nicht bewährt, weil leihweise oder im Leasing die Wohncontainer nicht ausreichend angeboten werden.

Die Kosten belaufen sich auf 2200,– bis 3300,– DM pro Ersatzwohnraum, d.h. sie werden im allgemeinen zwischen 2 und 3% der Gesamtbaukosten liegen (einschließlich der Renovierungskosten für die Ausweichwohnung).

13 Mieter-Umzüge

Beim Umsetzen der Mieter in Wohnungen des gleichen Hauses oder in andere Häuser fallen Umzugskosten an. Dabei können diese Kosten einmalig sein, wenn die Mieter in der Umsetzungswohnung verbleiben oder auch ein zweimaliger Umzug erforderlich werden, wenn die Mieter in ihre alte Wohnung zurückziehen. Derartige Umzugskosten, nach Erfahrungswerten und aufgrund von Abrechnungen betragen zwischen 500–1500 DM (1 Umzug) und 1000–3000 DM (2 Umzüge) je Wohnung, abhängig von der Raumanzahl und der Größe der Wohnung.

Kosten von Möbelzwischenlagerungen

Ist die Ausweichwohnung zu klein oder wird der Mieter für eine kurze Zeit (Kernbauzeit) kurzfristig in einem Hotel, bei Verwandten etc. untergebracht, so kann es möglich sein, daß Kosten für eine Zwischenlagerung der Möbel anfallen.

Diese Kosten sind gleichfalls abhängig von der Wohnungsgröße und von der Länge des Lagerzeitraumes. Kosten von 1000 bis 4000 DM können hier je Wohneinheit anfallen, d.h. zwischen 1 bis 4% der Baukosten.

Urlaubs- und Hotelkosten

Als Alternative zur Umsetzung von Mietern in Ausweichwohnungen kann bei der Wahl eines geeigneten Modernisierungssystems die Durchführung der Arbeit während einer einheitlich festgesetzten Urlaubszeit in Frage kommen. Die dabei entstehenden Kosten können vom Bauherrn voll getragen oder nur bezuschußt werden. Daher können aufgrund der Unterschiede der Kosten für verschiedene Hotels in verschiedenen Jahreszeiten und Verweildauern hier kaum Werte angegeben werden. Als Richtpreis können Kosten von 50 DM pro Tag und Person (25 DM–75 DM) angesetzt werden.

14 Mieterbetreuung, Verwaltungskosten

Die Verwaltungskosten für ein Projekt wurden bereits oben dargestellt. Für „besondere Verwaltungsschwierigkeiten" — dazu gehört die Mieterbetreuung — sind 0,5% der Baukosten vorgesehen.

Darüber hinaus fallen manchmal noch Kosten an für eine durchgängige Mieterbetreuung von der Bestandsaufnahme über die Mieterinformation bis zur örtlichen Betreuung während der Bauzeit. Diese Arbeit führt der Eigentümer selber, ein Betreuer oder der Architekt (Quartiersarchitekt) durch.

Die Kosten für eine derartige Betreuung schwanken je nach Art der Maßnahme erheblich, sie liegen zwischen 0,5 und 3% der Gesamtbaukosten.

Ein 2%iger Ansatz für eine Überschlagsberechnung scheint angemessen.

21 Versicherungen

Gerade im Bereich von Modernisierung und Umnutzung ist die Abdeckung des Risikos durch Versicherungen ratsam, führt aber zu erheblichem Kostenaufwand.

Bei einer Modernisierung fallen nicht nur die üblichen Haftpflichtversicherungen für den Bauherrn und die Bauwesenversicherung an, sondern bei Arbeiten in bewohnten Räumen auch noch eine Hausratversicherung und gegebenenfalls eine Unfall- und Transportversicherung, wenn die Möbel transportiert werden müssen.

Als durchschnittlicher Rechenwert ist von 0,5% der Baukosten auszugehen.

22 Baustellenbewachung

Zum Schutz vorhandener Werte der Bausubstanz, die häufig durch mutwillige Beschädigung oder Diebstahl zerstört werden, ist oft die Bewachung des Projekts eine Notwendigkeit.

Die Kosten für eine derartige Bewachung sind abhängig von der Größenordnung des Projekts, dem Zeitraum und dem Umfang der Überwachung.

Bei einem Streifendienst von 3 bis 5 Kontrollen je Nacht entstehen Kosten von 10,00 bis 15,00 DM je Kontrolle, d. h. von 30,00 DM bis 75,00 DM.

Bei ständiger Bewachung entstehen Kosten, die zwischen 80,00 DM und 200,00 DM je Nacht liegen.

23 Bewirtschaftung bis zur Ingebrauchnahme

Die Beheizung, die Beleuchtung, die Instandhaltung bzw. die Säuberung der Baustelle während der Bauzeit fällt in vielen Fällen an.

Ein winterdicht gemachter Bau sollte zumindest leicht beheizt werden. Die hierzu erforderlichen Aufwendungen belaufen sich im allgemeinen zwischen 0,1% und 0,5% der Baukosten.

31 Sonstige Baunebenkosten

Neben den vorgenannten Nebenkosten fallen weitere Kosten für Lichtpausen, Fotokopien, Porto, Telefon, Fotografie, Fahrtkosten etc. an. Diese Kosten muß der Bauherr entweder direkt oder durch einen Zuschlag bei den Architekten- und Ingenieurhonoraren bezahlen.

Eigene Ermittlungen ergeben erforderliche Werte von 8 bis 12 % des Architekten- und Ingenieurhonorars.

Das Landes- und Bundesvertragsmuster für Architekten- und Ingenieurleistungen geht von 8% der Honorare aus.

Geht man von Architekten- und Ingenieurhonoraren zwischen 10 und 20% der gesamten Baukosten aus, so liegen damit die „sonstigen Baunebenkosten" bei 1% bis 2% der Gesamtbaukosten.

Zusammenfassung

Zusammenfassend soll die nachfolgende Tabelle noch einmal Aufschluß über die einzelnen Baunebenkosten für Modernisierung und Umnutzung, gegliedert nach der DIN 276, und den möglichen Von- und Bis- Weiten geben.

Dabei muß jedoch festgestellt werden, daß diese Nebenkosten sich kaum addieren lassen, weil ein Zusammentreffen aller Faktoren unrealistisch ist.

Nebenkosten — Erfahrungswerte		Richtwert % von	bis
720	**Vorbereitung der Objektplanung**		
01	Grundlagenermittlung durch Architekten und Ingenieure in Form von Begehungen und Begutachtungen der Bausubstanz und Sonderuntersuchungen	1	8
02	Bestandsgutachten, Fachingenieure in Form von Begehungen und Sondergutachten	0	1
11	Verwaltungsleistungen des Bauherrn	1,5	4,5
730	**Architekten- und Ingenieurleistungen**		
01	Planung und Bauleitung Architekten und Ingenieure Kosten nach HOAI	8	21
02	Technische Betreuung Architekten und Ingenieure	1	2
03	Bestandspläne nach der Modernisierung Architekten und Ingenieure	—	—
04	Vermessung Ingenieure oder Katasteramt	—	0,5
760	**Finanzierung**		
01	Kosten für Finanzierung	1	8
02	Zinsen- und Zwischenfinanzierung	0,5	2,0
770	**Allgemeine Baunebenkosten**		
01	Behördliche Prüfung, Abnahme usw.	0	2
11	Mieter entschädigen durch Ausgleichszahlungen und Erlassung von Mietzins	0,2	0,8
12	Ersatzwohnraum bereitstellen	2	3
13	Mieterumzüge	1	4
14	Mieterbetreuung	0,5	3
21	Versicherungen	0,2	0,8
22	Baustellenbewachung	—	—
23	Bewirtschaftung bis zur Ingebrauchnahme	0,1	0,5
31	Sonstige Baunebenkosten	1	2

Baukosten ohne Grundstücks- und Gebäuderestwerte und ohne Baunebenkosten incl. 15% Mehrwertsteuer

Baualtersstufe	DM/m² WFL		
Fachwerkhäuser — schlechter Zustand	von-bis	4000	6000
	Mittelwert	**5200**	
— mittlerer Zustand	von-bis	2500	4000
	Mittelwert	**3200**	
— guter Zustand	von-bis	2200	2800
	Mittelwert	**2500**	
Gründerzeithäuser — Städtische Gebäude	von-bis	1400	2000
	Mittelwert	**1600**	
— Siedlungshäuser	von-bis	1500	2000
	Mittelwert	**1700**	
Bauten, 1920–1939	von-bis	1200	1800
	Mittelwert	**1500**	
Bauten, 1950–1959	von-bis	1200	1800
	Mittelwert	**1500**	
Umnutzungen — Gründerzeit-Fabriken Kloster, Krankenhäuser, usw. in Wohngebäude	von-bis	2000	3000
	Mittelwert	**2500**	

Preisstand I/95 Index 221,8 (1976 = 100)

Baukosten ohne Grundstücks- und Gebäuderestwerte und ohne Baunebenkosten incl. 15% Mehrwertsteuer

Gewerke		Fachwerkhäuser in den Zuständen					
		schlecht		mittel		gut	
Abbruch-, Rohbauarbeiten	von-bis	1.800,—	2.400,—	700,—	900,—	450,—	550,—
	Mittelwert	**2.080,—**		**820,—**		**510,—**	
Zimmer-arbeiten	von-bis	800,—	1.200,—	400,—	650,—	350,—	400,—
	Mittelwert	**1000,—**		**550,—**		**375,—**	
Dachdecker-arbeiten	von-bis	180,—	250,—	175,—	210,—	150,—	190,—
	Mittelwert	**215,—**		**190,—**		**170,—**	
Putzarbeiten/ Trockenbau	von-bis	350,—	600,—	300,—	450,—	250,—	320,—
	Mittelwert	**480,—**		**390,—**		**290,—**	
Fliesen-arbeiten	von-bis	60,—	90,—	60,—	90,—	60,—	90,—
	Mittelwert	**75,—**		**75,—**		**75,—**	
Estrich-arbeiten	von-bis	40,—	70,—	40,—	70,—	40,—	70,—
	Mittelwert	**55,—**		**50,—**		**55,—**	
Schreiner-arbeiten	von-bis	250,—	340,—	180,—	225,—	100,—	150,—
	Mittelwert	**300,—**		**210,—**		**125,—**	
Schlosser-arbeiten	von-bis	40,—	60,—	20,—	55,—	20,—	40,—
	Mittelwert	**45,—**		**30,—**		**30,—**	
Fenster	von-bis	220,—	300,—	200,—	250,—	190,—	240,—
	Mittelwert	**250,—**		**230,—**		**215,—**	
Maler-arbeiten	von-bis	170,—	200,—	120,—	180,—	120,—	180,—
	Mittelwert	**185,—**		**150,—**		**150,—**	
Bodenbelags-arbeiten	von-bis	45,—	70,—	40,—	80,—	40,—	85,—
	Mittelwert	**55,—**		**65,—**		**70,—**	
Heizungs-installation	von-bis	130,—	180,—	130,—	180,—	130,—	180,—
	Mittelwert	**150,—**		**150,—**		**150,—**	
Sanitär-installation	von-bis	120,—	160,—	120,—	160,—	120,—	160,—
	Mittelwert	**140,—**		**140,—**		**140,—**	
Elektro-installation	von-bis	70,—	95,—	70,—	95,—	70,—	95,—
	Mittelwert	**85,—**		**85,—**		**85,—**	
Außen-anlagen	von-bis	50,—	100,—	50,—	95,—	50,—	90,—
	Mittelwert	**85,—**		**65,—**		**65,—**	
Baukosten gesamt	von-bis	4.000,—	6.000,—	2.500,—	4.000,—	2.200,—	2.800,—
	Mittelwert	**5.200,—**		**3.200,—**		**2.500,—**	

Preisstand I/95 Index 221,8 (1976 = 100)

Baukosten ohne Grundstücks- und Gebäuderestwerte und ohne Baunebenkosten incl. 15% Mehrwertsteuer

Gewerke		Bauraltersstufen					
		Gründerzeithäuser Städtische Gebäude		Bauten (1920–1939)		Bauten (1950–1959)	
Abbruch- und Rohbauarbeiten	von-bis	85,—	160,—	40,—	80,—	60,—	80,—
	Mittelwert	**125,—**		**60,—**		**70,—**	
Zimmer-arbeiten	von-bis	25,—	70,—	40,—	80,—	90,—	140,—
	Mittelwert	**50,—**		**60,—**		**115,—**	
Dachdecker-arbeiten	von-bis	105,—	150,—	75,—	125,—	100,—	140,—
	Mittelwert	**125,—**		**115,—**		**115,—**	
Putzarbeiten/ Trockenbau	von-bis	210,—	300,—	200,—	275,—	260,—	320,—
	Mittelwert	**260,—**		**250,—**		**285,—**	
Fliesen-arbeiten	von-bis	50,—	65,—	50,—	85,—	55,—	65,—
	Mittelwert	**60,—**		**70,—**		**60,—**	
Estrich-arbeiten	von-bis	42,—	55,—	25,—	55,—	30,—	45,—
	Mittelwert	**50,—**		**40,—**		**35,—**	
Schreiner-arbeiten	von-bis	75,—	110,—	75,—	120,—	60,—	80,—
	Mittelwert	**90,—**		**100,—**		**70,—**	
Schlosser-arbeiten	von-bis	25,—	40,—	25,—	40,—	35,—	50,—
	Mittelwert	**30,—**		**35,—**		**45,—**	
Fenster	von-bis	140,—	185,—	110,—	170,—	80,—	120,—
	Mittelwert	**165,—**		**155,—**		**100,—**	
Maler-arbeiten	von-bis	180,—	200,—	110,—	150,—	125,—	160,—
	Mittelwert	**185,—**		**125,—**		**145,—**	
Bodenbelags-arbeiten	von-bis	40,—	60,—	35,—	60,—	55,—	65,—
	Mittelwert	**50,—**		**50,—**		**60,—**	
Heizungs-installation	von-bis	130,—	150,—	115,—	160,—	130,—	180,—
	Mittelwert	**140,—**		**140,—**		**140,—**	
Sanitär-installation	von-bis	110,—	160,—	120,—	150,—	120,—	160,—
	Mittelwert	**135,—**		**135,—**		**135,—**	
Elektro-installation	von-bis	70,—	100,—	65,—	100,—	75,—	100,—
	Mittelwert	**80,—**		**80,—**		**80,—**	
Außen-anlagen	von-bis	30,—	75,—	60,—	105,—	30,—	60,—
	Mittelwert	**55,—**		**85,—**		**45,—**	
Baukosten Gesamt	von-bis	1.400,—	2.000,—	1.200,—	1.800,—	1.200,—	1.800,—
	Mittelwert	**1.600,—**		**1.500,—**		**1.500,—**	

Preisstand I/95 Index 221,8 (1976 = 100)

Baukosten ohne Grundstücks- und Gebäuderestwerte und ohne Baunebenkosten incl. 15% Mehrwertsteuer

Gewerke		**Umnutzungen Gründerzeitfabriken u.a. in Wohngebäude**	
Abbruch- und Rohbauarbeiten	von-bis	620,—	850,—
	Mittelwert	**725,—**	
Zimmerarbeiten	von-bis	60,—	100,—
	Mittelwert	**80,—**	
Dachdeckerarbeiten	von-bis	130,—	185,—
	Mittelwert	**155,—**	
Putzarbeiten/ Trockenbau	von-bis	300,—	360,—
	Mittelwert	**330,—**	
Fliesenarbeiten	von-bis	55,—	90,—
	Mittelwert	**70,—**	
Estricharbeiten	von-bis	15,—	40,—
	Mittelwert	**25,—**	
Schreinerarbeiten	von-bis	55,—	100,—
	Mittelwert	**80,—**	
Schlosserarbeiten	von-bis	45,—	75,—
	Mittelwert	**55,—**	
Fenster	von-bis	180,—	220,—
	Mittelwert	**200,—**	
Malerarbeiten	von-bis	190,—	250,—
	Mittelwert	**225,—**	
Bodenbelagsarbeiten	von-bis	60,—	100,—
	Mittelwert	**70,—**	
Heizungsinstallation	von-bis	105,—	140,—
	Mittelwert	**125,—**	
Sanitärinstallation	von-bis	120,—	160,—
	Mittelwert	**140,—**	
Elektroinstallation	von-bis	85,—	130,—
	Mittelwert	**95,—**	
Außenanlagen	von-bis	100,—	165,—
	Mittelwert	**125,—**	
Baukosten gesamt	von-bis	2.200,—	3.000,—
	Mittelwert	**2.500,—**	

Preisstand I/95 Index 221,8 (1976 = 100)

Übersicht: Bauteil-Kurztexte — gegliedert nach Kostengruppen:

100 BAUGRUNDSTÜCK

200 HERRICHTEN UND ERSCHLIESSEN

210 Herrichten

01 Baugrundstück entrümpeln
02 Bauwerk entrümpeln
11 Einfriedungen, Hindernisse abräumen
12 Schutzwürdige Bauteile ausbauen
13 Schutzwürdige Bauteile sichern
15 Flächen und Anpflanzungen sichern
21 Hohlräume, Gräben verfüllen

220 Erschließung

01 Hausanschluß

240 Ausgleichsabgaben

01 Abgaben an Kommune

300 BAUWERK — BAUKONSTRUKTION

310 Baugrube

311 Baugrubenherstellung

01 Boden ausheben
11 Boden ausheben, manuell

320 Gründung

322 Flachgründungen

01 Fundamente herstellen
11 Fundamente verstärken

324 Unterböden und Bodenplatten

01 Bauwerkssohle tiefer legen
11 Bauwerkssohle erneuern
51 Bauwerkssohle instandsetzen

326 Bauwerksabdichtungen

01 Horizontalabdichtungen von Mauerwerk
02 Horizontalabdichtungen von Fachwerk
05 Bauwerkssohle abdichten
11 Vertikale Dichtungen
12 Abdichtung gegen nichtdrückendes Wasser

327 Dränagen

01 Drainage zum Schutz von Gebäuden

330 Außenwände

331 Tragende Außenwände

01 Betonwände
11 Mauerwerkswände
12 Sichtmauerwerkswände
13 Natursteinmauerwerkswände
21 Holzfachwerkwände, Mauerwerksausfachung
22 Holzfachwerkwände, Lehmausfachungen
51 Betonwände instandsetzen
52 Mauerwerkswände instandsetzen
53 Naturstein-Mauerwerkswände instandsetzen
54 Sichtmauerwerkswände instandsetzen
55 Fachwerk, Tragkonstruktion instandsetzen
57 Fachwerkwände instandsetzen
61 Öffnungen in Wänden herstellen
62 Durchbrüche in Wänden herstellen
63 Öffnungen schließen, massiv mit Mauerwerk
81 Sanierung geschädigter Holzteile
82 Sanierung befallenen Mauerwerks

332 Nichttragende Außenwände

01 Ausfachungen erneuern
11 Zugemauerte Öffnungen ausbrechen
12 Wandöffnungen schließen

333 Außenstützen

01 Betonstützen
02 Mauerpfeiler
03 Natursteinmauerwerksstützen
04 Holzstützen
05 Stahlstützen
31 Stahlrähme
51 Betonstützen instandsetzen
52 Mauerwerksstützen instandsetzen
53 Naturstein-Mauerwerkstützen instandsetzen
54 Holzstützen instandsetzen
55 Stahlstützen instandsetzen

334 Außentüren und -fenster

01 Zweites Holzfenster
02 Holzfenster, Wärmeschutzverglasung
03 Holzsprossenfenster, Wärmeschutzverglasung
04 Holzsprossen-Verbundfenster in denkmalgerechter Ausführung
05 Holzschallschutzfenster
11 Kunststoffenster, Wärmeschutzverglasung

12 Kunststoffsprossenfenster, Wärmeschutzverglasung
13 Kunststoffsprossen-Verbundfenster in denkmalgerechter Ausführung
14 Kunststoff-Schallschutzfenster
21 Aluminiumfenster, Wärmeschutzverglasung
22 Aluminium-Schallschutzfenster
25 Stahlfenster, Wärmeschutzverglasung
26 Stahlsprossenfenster in denkmalgerechter Ausführung
31 Aufsatzfenster über Blendrahmen
32 Kellerfenster
33 Feststehende Verglasung
35 Außenfensterbänke
36 Innenfensterbänke
41 Hauseingangstüren
42 Hauseingangstüranlagen
43 Kelleraußentüren/Hoftüren
44 Außentore
45 Fenstertüren
46 Fenstertüren, Wärmeschutzverglasung
47 Sprossenfenstertüren, Wärmeschutzverglasung
51 Fenster verbessern
52 Fenster instandsetzen
54 Natursteingewände erneuern
55 Natursteingewände instandsetzen
56 Natursteingewände nacharbeiten
59 Stuck-Fensterumrahmungen erneuern
60 Fensterumrahmungen instandsetzen
75 Hauseingangstüren instandsetzen
76 Hauseingangstüranlagen instandsetzen
81 Kelleraußentüren instandsetzen
82 Außentore instandsetzen
91 Fenstertüren verbessern
92 Fenstertüren instandsetzen

335 Außenwandbekleidungen, außen

11 Sichtverfugung von Mauerwerk
11 Vormauerungen
21 Putze auf altem Untergrund
22 Putze auf neuem Untergrund
23 Putz, Fachwerkwände
31 Anstriche und Beschichtungen
41 Bekleidungen aus Naturstein oder Ziegel
42 Fliesen-/Plattenbekleidungen
43 Faserzementplatten-Bekleidungen,
44 Metallbekleidungen
45 Holzbekleidungen
46 Wärmedämmverbundsystem
51 Wand reinigen
52 Wand imprägnieren / fluatieren
53 Sanierung von Rissen
54 Fassadenstuck instandsetzen
55 Fassadenstuck rekonstruieren
61 Besondere Konstruktionslösungen
71 Sanierung von Fugen

336 Außenwandbekleidungen, innen

01 Vorsatzschalen
02 Holzbekleidungen
11 Putze
21 Anstriche und Beschichtungen
23 Tapeten
41 Wandfliesen
51 Wandoberflächen instandsetzen
53 Holzbekleidungen instandsetzen

338 Sonnenschutz

01 Rolläden
11 Klapp- oder Schiebeläden
21 Markisen
31 Sonnenschutzvorrichtungen
51 Rolläden instandsetzen
61 Geländer instandsetzen

339 Außenwände, sonstiges

01 Geländer
02 Gitter oder Stangen
11 Gitter zur Diebstahlsicherung
12 Rankhilfen
15 Roste und Abdeckungen
21 Feuerleitern
51 Geländer instandsetzen
52 Gitter instandsetzen
53 Roste/Abdeckungen instandsetzen

340 Innenwände

341 Tragende Innenwände

01 Betonwände
11 Mauerwerkswände
12 Sichtmauerwerkswände
13 Natursteinmauerwerkswände
21 Holzfachwerkwände, Mauerwerksausfachung
22 Holzfachwerkwände, Lehmausfachungen
51 Betonwände instandsetzen
52 Mauerwerkswände instandsetzen
53 Naturstein-Mauerwerkswände instandsetzen
54 Sichtmauerwerkswände instandsetzen
55 Fachwerk, Tragkonstruktion instandsetzen
57 Fachwerkwände instandsetzen
61 Öffnungen in Wänden herstellen
62 Durchbrüche in Wänden herstellen
63 Öffnungen schließen, massiv
81 Sanierung geschädigter Holzteile
82 Sanierung befallenen Mauerwerks

342 Nichttragende Innenwände

01 Ständerwände, (einfach)
02 Ständerwände, Wohnungstrennwände
03 Glasständerwände als Sonderkonstruktion
11 Mauerwerkstrennwände
12 Sichtmauerwerkstrennwände
21 Plattentrennwände ohne Verputz
31 Trennwände
35 Faltwandelement (Sonderkonstruktion)
51 Öffnungen herstellen
52 Durchbrüche herstellen
53 Öffnungen schließen, massiv
54 Öffnungen schließen, Leichtbau
61 Fachwerkwände instandsetzen
62 Fachwerk, Ausfachung erneuern

343 Innenstützen

01 Betonstützen
02 Mauerpfeiler
03 Natursteinmauerwerksstützen
04 Holzstützen
05 Stahlstützen
31 Stahlrähme
51 Betonstützen instandsetzen
52 Mauerwerksstützen instandsetzen
53 Natursteinmauerwerkstützen instandsetzen
54 Holzstützen instandsetzen
55 Stahlstützen instandsetzen

344 Innentüren und -fenster

01 Wohnungseingangstüren
02 Türen erneuern
03 Türen
11 Sondertüren
21 Ganzglastüren
51 Wohnungseingangstüren instandsetzen
52 Innentüren instandsetzen
53 Innentüren umbauen
54 Lüftungssiebe, Glasausschnitte
55 Verglasung

345 Innenwandbekleidungen

01 Vorsatzschalen
02 Holzbekleidungen
05 Rohr- und Stützverkleidungen
11 Putz
21 Anstriche und Beschichtungen
23 Tapeten
41 Wandfliesen
51 Wandoberfläche instandsetzen
53 Holzbekleidungen instandsetzen

346 Elementierte Innenwände

01 Trennwände
11 Faltwandelemente (Sonderkonstruktion)
21 Brandschutz-Abtrennungen

350 Decken und Treppen

351 Deckenkonstruktionen

01 Massivdecken
02 Holzbalkendecken
12 Ziegel-Holzbalkendecken
15 Schalldämmende Schichten
25 Holzgeschoßtreppen-Stufen m. Setzstufen
26 Holztreppenstufen ohne Setzstufen
31 Stahl-Holzgeschoßtreppen-Stufen
34 Spindeltreppenstufen
37 Raumspartreppenstufen
40 Stahltreppen-Stufen
43 Betontreppen-Stufen
51 Sanierung geschädigter Holzbalken
54 Holzbalken instandsetzen
57 Reparatur von Holzbalkendecken
60 Massivdecken instandsetzen
63 Betondecken instandsetzen
66 Durchbrüche in Decken
69 Öffnungen in Decken
72 Abfangung von Decken
75 Holzgeschoßtreppen instandsetzen
78 Holztreppen instandsetzen

352 Deckenbeläge

01 Estriche
03 Trockenestrichelemente
05 Balkonbeläge
07 Abdichtung von Fußböden
11 Dielungen
12 Oberbeläge
13 Anstriche und Beschichtungen
15 Fußleisten
25 Treppenoberbeläge
51 Bodenbeläge instandsetzen
52 Wiedereinbau Oberbeläge
75 Treppenoberbeläge instandsetzen

353 Deckenbekleidungen

01 Wärmedämmende Schichten
11 Plattenbekleidungen
12 Hochwertige Bekleidungen
15 Putze an Massiv-/Holzbalkendecken
16 Stuckarbeiten
21 Anstriche und Beschichtungen
22 Tapeten
25 Feuerhemmende Bekleidungen

28 Putze unter Massiv-/Holztreppen
31 Anstriche und Beschichtungen
51 Decken vorbereiten
52 Holzbekleidungen instandsetzen

359 Decken, sonstiges

01 Einschubtreppen
02 Feuerhemmende Bodenluken
11 Geländer
12 Handläufe
51 Geländer instandsetzen

360 Dächer

361 Dachkonstruktionen

01 Sparren-, Pfetten-, Kehlbalkendächer
02 Aussteifungen/Abstützungen Dächer
03 Kehlbalkenlagen, Holzkonstruktion
11 Sonderbauteile Dachkonstruktion
51 Dachkonstruktionen instandsetzen
55 Sonderdachkonstruktion — Stahl instandsetzen
61 Sanierung geschädigter Holzteile

362 Dachfenster, Dachöffnungen

01 Dachflächenwohnraumfenster
11 Lichtkuppeln
21 Dachfenster
31 Oberlichtverglasung

363 Dachbeläge

01 Pfanneneindeckungen
02 Plattendeckungen
11 Metalleindeckungen
12 Begrüntes flaches Dach (ca. 5 Grad)
13 Begrüntes geneigtes Dach (bis 30 Grad)
15 Sondereindeckungen
21 Dichtungsbahneneindeckungen
31 Plattenbekleidungen
32 Metellbekleidungen
33 Holzbekleidungen
34 Anstriche und Beschichtungen
35 Dachanschlüsse
41 Dachentwässerung
51 Pfanneneindeckungen instandsetzen
52 Platteneindeckungen instandsetzen
54 Dichtungsbahneneindeckungen instandsetzen
56 Dachentwässerung instandsetzen

364 Dachbekleidungen

01 Platten-Bekleidungen
02 Holzbekleidungen
11 Putze
21 Anstriche und Beschichtungen
31 Tapeten
41 Wärmedämmende Schichten
51 Dachbekleidungen vorbereiten

369 Dächer, sonstiges

01 Geländer
11 Gitterroste und Abdeckungen
21 Sonnenschutz Dachflächenwohnraumfenster
51 Geländer instandsetzen
52 Gitterroste / Abdeckungen instandsetzen

370 Baukonstruktive Einbauten

371 Allgemeine Einbauten

01 Einbauküchen
02 Küchen, Geräte
11 Einbauschränke
21 Hausbriefkästen
31 Waschküchen-, Trockeneinrichtung

390 Sonstige Maßnahmen für Baukonstruktionen

391 Baustelleneinrichtung

01 Einrichtung eines Baubüros
02 Lagerräume einrichten, abschließbar
03 Provisorische Versorgung
21 Einbau behelfsm. Schutzvorrichtungen
41 Herstellung u. Montage Bauschild

392 Gerüste

01 Außengerüste aufstellen
11 Innengerüste aufstellen
21 Teleskoplift

394 Abbruchmaßnahmen

01 Bauwerk nach Rauminhalt abbrechen
02 Wände und Stützen abbrechen
05 Decken und Treppen abbrechen
06 Dächer abbrechen
07 Leichte Konstruktionen abbrechen
11 Fenster und Türen ausbauen
21 Einzelgeräte, -möbel demontieren

398 Zusätzliche Maßnahmen

01 Baureinigung
02 Bauaustrocknung

399 Sonstiges

01 Balkone/Wintergärten
11 Schächte im Erdreich
21 Emporen
26 Vordächer
31 Offene Kamine
41 Schornsteine
51 Schornsteine instandsetzen

400 BAUWERK — TECHNISCHE ANLAGEN

410 Abwasser-, Wasser-, Gasanlagen

411 Abwasseranlagen

01 Einbau Abwasserinstallation, komplett
02 Abwasserleitungen
21 Sonderbauteile/-Anlagen Abwasser

412 Wasseranlagen

01 Einbau sanitäre Rauminstallation, kompl.
11 Kalt-/Warmwasserleitungen
21 Sanitäre Einrichtungsgegenstände
31 Warmwasserbereiter
41 Regenwassersammelanlage

420 Wärmeversorgungsanlagen

01 Heizung, Komplettinstallation
02 Heizung mit WW-Bereitung, Komplettinstallation

421 Wärmeerzeugungsanlagen

01 Wärmeerzeuger
11 Wärmeerzeuger mit WW-Bereitung
51 Wärmeerzeuger instandsetzen

422 Wärmeverteilnetze

01 Heizungsleitungen
11 Heizungsleitungen dämmen

423 Raumheizflächen

01 Heizflächen
11 Maßeinrichtungen, Wärmezähler

430 Lufttechnische Anlagen

01 Raumentlüftung
11 Zwangsentlüftung

440 Starkstromanlagen

444 Niederspannungsanlagen

01 Elektroinstallation, komplett
02 Elektroinstallation, abgeschirmt, komplett
11 Kabelkanäle
51 Elektroinstallation ergänzen

445 Beleuchtungsanlagen

01 Einbau Beleuchtung
11 Einbau gewerbliche Beleuchtung

446 Blitzschutz- und Erdgasanlagen

01 Blitzschutz, komplett

450 Fernmeldeanlagen

01 Dachantennen
11 Sonstige Fernmeldetechnik
21 Breitbandkabelanlagen

460 Förderanlagen

01 Personenaufzüge
11 Lastenaufzüge
21 Parksysteme für PKW

490 Sonstige Maßnahmen für Technische Anlagen

494 Abbruchmaßnahmen

01 Einzelgeräte demontieren

500 AUSSENANLAGEN

510 Geländeflächen

01 Bodenbearbeitung
11 Pflanzarbeiten
12 Dachbepflanzung des Flachdaches
13 Dachbepflanzung des Steildaches
15 Pflanzarbeiten für Wandbegrünung
18 Pflanzung von Bäumen
21 Rasenarbeiten
51 Versetzen von Bäumen

520 Befestigte Flächen

01 Wege, Plätze, Kfz-Stellflächen
05 Begrenzungen

530 Baukonstruktionen in Außenanlagen

01 Einfriedungen/Begrenzungen
11 Außenmauern, Dicke ca. 24,0 cm
21 Außentreppen-Stufen

22 Geländer
31 Baukonstruktionen zu PKW-Stellplätzen
51 Zäune, Außenmauern instandsetzen
61 Außentreppen-Stufen/Podeste instandsetzen

540 Technische Anlagen in Außenanlagen

21 Außenanlagenbeleuchtung

550 Einbauten in Außenanlagen

01 Müll-/Abfallbehälter
11 Sonstige Einbauten
12 Sitz- und Spielgelegenheiten

600 AUSSTATTUNG UND KUNSTWERKE

610 Ausstattung

01 Schutzgerät
02 Beschriftungen und Schilder
11 Möbel

700 BAUNEBENKOSTEN

710 Bauherrenaufgaben

01 Verwaltungsleistungen

720 Vorbereitung der Objektplanung

01 Bestandsaufnahmen

730 Architekten- und Ingenieurleistungen

01 Planung und Bauleitung
02 Technische Betreuung
03 Bestandspläne nach Modernisierung

740 Gutachten und Beratung

01 Bestandsgutachten, Fachingenieure
02 Vermessung

760 Finanzierung

01 Kosten für Finanzierung
02 Zinsen und Zwischenfinanzierung

770 Allgemeine Baunebenkosten

01 Behördliche Prüfung, Abnahme
11 Baustellenbewachung
21 Bewirtschaftungskosten bis zur Ingebrauchnahme
31 Sonstige Baunebenkosten

790 Sonstige Baunebenkosten

01 Mieter entschädigen
11 Ersatzwohnraum bereitstellen
12 Mieterumzüge
13 Mieterbetreuung
21 Versicherungen und Beiträge

DIN 276	AK	AA	Bauteiltext	Lohn-anteil	LB-Nr.	Ein-heit	Preis DM	Preisspanne DM
210 *14000*	01		**Baugrundstück entrümpeln Schutt, Gerümpel, Müll von Hand in Container laden und abfahren, incl. Grundgebühr und Vorhaltung, aber ohne Kippgebühren**					
		01	Container gut erreichbar	***	920	m^3	**150,00**	100,00 161,00
		02	Container schwierig erreichbar	***	920	m^3	**225,00**	178,00 263,00
		11	plus Kippgebühr Bauschutt	*	920	m^3	**53,00**	10,00 107,00
		12	plus Kippgebühr Gemisch	*	920	m^3	**285,00**	101,00 620,00
		13	plus Kippgebühr Sondermüll	*	920	m^3	**1600,00**	620,00 3420,00
	02		**Bauwerk entrümpeln Schutt, Gerümpel, Müll von Hand in Container laden und abfahren, incl. Grundgebühr und Vorhaltung, aber ohne Kippgebühren**					
		01	Bedingungen normal	***	920	m^3	**170,00**	123,00 222,00
		02	Bedingungen erschwert	***	920	m^3	**250,00**	176,00 303,00
		11	plus Kippgebühr Bauschutt	*	920	m^3	**53,00**	10,00 107,00
		12	plus Kippgebühr Gemisch	*	920	m^3	**285,00**	101,00 620,00
		13	plus Kippgebühr Sondermüll	*	920	m^3	**1600,00**	620,00 3420,00

Preisstand I/95 Index 221,8 (1976 = 100)

DIN 276	AK	AA	Bauteiltext	Lohn-anteil	LB-Nr.	Ein-heit	Preis DM	Preisspanne DM
210 *14000*	11		**Einfriedungen, Hindernisse abräumen von Hand in Container laden und abfahren, incl. Grundgebühr und Vorhaltung, aber ohne Kippgebühren, Bodenoberflächen planieren**					
		01	Zäune, Gitter mit Fundamenten	***	920	m³	**180,00**	141,00 212,00
		02	Betonteile, Trennmauern	***	920	m³	**305,00**	269,00 341,00
		05	Bodenbeläge	***	920	m³	**190,00**	157,00 227,00
		06	Gebüsch, Hecken roden	***	920	m³	**110,00**	73,00 155,00
		07	Bäume, Baumgruppen roden	***	920	m³	**49,00**	42,00 62,00
		11	plus Kippgebühr Bauschutt	*	920	m³	**53,00**	10,00 107,00
		12	plus Kippgebühr Gemisch	*	920	m³	**285,00**	101,00 620,00
		13	plus Kippgebühr Sondermüll	*	920	m³	**1600,00**	620,00 3420,00
		14	plus Gebühr Kompostierung	*	920	m³	**43,00**	8,00 78,00
	12		**Schutzwürdige Bauteile ausbauen sorgfältiger Ausbau, Kennzeichnung und witterungsgeschützte Lagerung, incl. Lagerungsgebühren**					
		01	Bodenbeläge, Stein-, Keramikplatten	****	024	m²	**100,00**	80,00 120,00
		02	Bodenbeläge, Holz	****	027	m²	**76,00**	66,00 91,00
	13		**Schutzwürdige Bauteile sichern durch Umbauung des Bauteils mit einer Holzrahmenkonstruktion und Abdeckung**					
		01	Holzschalung, Dachpappe	***	027	m²	**82,00**	71,00 95,00
		02	armierte Folie	***	027	m²	**16,00**	9,00 21,00
		03	Hartfaserplatten	***	027	m²	**19,00**	15,00 22,00

Preisstand I/95 Index 221,8 (1976 = 100)

DIN 276	AK	AA	Bauteiltext	Lohn-anteil	LB-Nr.	Ein-heit	Preis DM	Preisspanne DM
210 *14000*	15		**Flächen und Anpflanzungen sichern vor Aufbau der Arbeitsgerüste durch Schutzabdeckung, incl. Sicherung**					
		01	armierte Baufolie	****	000	m^2	**5,00**	2,00 7,00
		02	Hartfaserplatte	****	000	m^2	**11,00**	9,00 13,00
	21		**Hohlräume, Gräben verfüllen mit Abbruchmaterial und vorhandenen Bodenmassen, Oberfläche planieren, alles in Handarbeit**					
		01	ohne Abbrucharbeiten	****	002	m^3	**130,00**	100,00 171,00
		11	mit Teilabbruch von Bauteilen	****	002	m^3	**170,00**	141,00 213,00

Preisstand I/95 Index 221,8 (1976 = 100)

DIN 276	AK	AA	Bauteiltext	Lohn-anteil	LB-Nr.	Ein-heit	Preis DM	Preisspanne DM
220 *22000*	01		**Hausanschluß bis Grundstück/Gebäude durch Versorgungsträger, incl. der erforderlichen Zähler und des Netzkostenbeitrags**					
		01	Abwasserkanal, je Haus		982	St	**5910,00**	2351,00 8765,00
		11	Wasser, je Haus		982	St	**2690,00**	1710,00 4382,00
		21	Gas, je Haus		982	St	**2690,00**	1710,00 4382,00
		31	Fernwärmeversorgung, je Haus		982	St	**6375,00**	1283,00 15498,00
		41	Elektrischer Strom, je Haus		982	St	**2375,00**	1763,00 2993,00
		42	Bereitstell.-Gebühr Nachtstrom, je WE		982	St	**1860,00**	1069,00 3741,00
		51	Fernmeldetechnik, je WE		982	St	**335,00**	0,00 533,00
		52	Breitbandkabel, je WE		982	St	**335,00**	0,00 855,00

Preisstand I/95 Index 221,8 (1976 = 100)

DIN 276	AK	AA	Bauteiltext	Lohn-anteil	LB-Nr.	Ein-heit	Preis DM	Preisspanne DM
240 *23000*	01		**Abgaben an Kommune**					
		02	Ablösung notw. Stellplatz, je Platz		989	St	**8600,00**	5343,00 25652,00
		03	Zweckentfremdung v. Wohnr., je WE		989	St	**27250,00**	16033,00 80163,00

Preisstand I/95 Index 221,8 (1976 = 100)

DIN 276	AK	AA	Bauteiltext	Lohn-anteil	LB-Nr.	Ein-heit	Preis DM	Preisspanne DM
311 *31111*	01		**Boden ausheben mit Maschineneinsatz**					
		01	Bodenklasse 1 – 3 seitlich lagern	*	002	m³	**11,00**	8,00 16,00
		02	Bodenklasse 4 – 5 seitlich lagern	*	002	m³	**16,00**	10,00 21,00
		03	Bodenklasse 6 – 7 seitlich lagern	*	002	m³	**93,00**	68,00 120,00
		05	Zulage für Abfahren des Aushubes	*	002	m³	**21,00**	15,00 27,00
		11	Bodenklasse 1 – 3 verteilen, plan.	*	002	m³	**28,00**	21,00 29,00
		12	Bodenklasse 4 – 5 verteilen, plan.	*	002	m³	**33,00**	25,00 42,00
		13	Bodenklasse 6 – 7 verteilen, plan.	*	002	m³	**110,00**	107,00 132,00
		21	Rohrgräben, incl. Kiesverfüllung	*	002	m³	**130,00**	100,00 163,00
	11		**Boden ausheben manuell**					
		01	Bodenklasse 2 – 3 seitlich lagern	**	002	m³	**96,00**	62,00 133,00
		02	Bodenklasse 4 – 5 seitlich lagern	**	002	m³	**125,00**	80,00 146,00
		05	Zulage für Abfahren des Aushubes	*	002	m³	**21,00**	15,00 27,00
		11	Bodenklasse 2 – 3 verteilen	**	002	m³	**150,00**	115,00 186,00
		12	Bodenklasse 4 – 5 verteilen	**	002	m³	**175,00**	129,00 197,00
		21	Rohrgräben, incl. Verfüllung	**	002	m³	**215,00**	192,00 241,00

Preisstand I/95 Index 221,8 (1976 = 100)

DIN 276	AK	AA	Bauteiltext	Lohn-anteil	LB-Nr.	Ein-heit	Preis DM	Preisspanne DM
322 *31121*	01		**Fundamente herstellen, incl. manuellen Bodenaushubs und Abfuhr, Schalung und Hinter-füllung**					
		01	Beton im Bauwerk	***	013	m³	**740,00**	711,00 853,00
		02	Trasskalkbeton im Bauwerk	***	013	m³	**760,00**	699,00 829,00
		03	Mauerwerk im Bauwerk	***	012	m³	**800,00**	695,00 882,00
		11	Beton außerhalb des Bauwerkes (Anbau)	***	013	m³	**510,00**	465,00 615,00
		12	Trasskalkbeton (Anbau)	***	013	m³	**560,00**	519,00 721,00
		13	Mauerwerk (Anbau)	***	012	m³	**600,00**	565,00 652,00
	11		**Fundamente verstärken unter Beachtung notwendiger Si-cherungsmaßnahmen am Gebäude**					
		01	Unterfangung, Betonunterfüllung	***	013	m³	**1280,00**	855,00 1566,00
		02	Unterfangung, Mauerwerk	***	012	m³	**1690,00**	1341,00 2025,00
		03	Hochdruckinjektionen	***	006	m³	**3400,00**	2672,00 4115,00

Preisstand I/95 Index 221,8 (1976 = 100)

DIN 276	AK	AA	Bauteiltext	Lohn-anteil	LB-Nr.	Ein-heit	Preis DM	Preisspanne DM
324 *31123*	01		**Bauwerkssohle tiefer legen manueller Aushub und Abfuhr der alten Sohle, neue Beton- oder Ziegelsohle, incl. Kiespackung, Sauberkeitsschicht, Sicherungs- und Abstützungsmaßnahmen**					
		01	Tiefe 20 cm	***	013	m²	**190,00**	141,00 257,00
		02	Tiefe 40 cm	***	013	m²	**285,00**	229,00 369,00
		03	Tiefe 60 cm	***	013	m²	**380,00**	312,00 486,00
	11		**Bauwerkssohle erneuern Aushub und Abfuhr der alten Sohle, Einbringen der neuen Sohle, D = ca. 12 cm, incl. Sauberkeitsschicht**					
		01	Beton ohne Kiespackung	**	013	m²	**130,00**	107,00 142,00
		02	Beton mit Kiespackung	**	013	m²	**165,00**	141,00 186,00
		03	Trasskalkbeton ohne Kiespackung	**	013	m²	**155,00**	128,00 179,00
		04	Trasskalkbeton mit Kiespackung	**	013	m²	**180,00**	155,00 208,00
		05	Blähton mit Bindemittel	**	013	m²	**180,00**	163,00 199,00
		06	Beton B 25 WU	**	013	m²	**155,00**	131,00 186,00
		11	Ziegelsohle	***	012	m²	**135,00**	103,00 148,00
		12	Ziegelsohle mit Abdichtung	***	012	m²	**165,00**	143,00 187,00
		13	Natursteinpflaster	***	014	m²	**220,00**	211,00 230,00
		14	Natursteinpflaster mit Abdichtung	***	014	m²	**250,00**	232,00 253,00
		21	Lehmstampfboden incl. Material	***	002	m²	**120,00**	57,00 125,00
		22	Lehmstampfboden ohne Material	***	002	m²	**92,00**	50,00 100,00

Preisstand I/95 Index 221,8 (1976 = 100)

DIN 276	AK	AA	Bauteiltext	Lohn-anteil	LB-Nr.	Ein-heit	Preis DM	Preisspanne DM
324 *31123*	51		**Bauwerkssohle instandsetzen, incl. Ausgleich von Gefälle und Unebenheiten**					
		01	Betonplatte aufbetonieren	***	013	m²	**100,00**	91,00 142,00
		02	Erneuerung in kleinen Flächen	***	013	m²	**160,00**	142,00 241,00
		03	Trasskalkbeton	***	013	m²	**130,00**	113,00 146,00
		05	Blähton mit Bindemittel	***	013	m²	**105,00**	93,00 133,00
		11	Ziegelsohle	***	012	m²	**120,00**	107,00 136,00
		13	Natursteinpflaster	***	014	m²	**180,00**	133,00 223,00
		21	Lehmstampfboden erneuern/ ergänzen	****	002	m²	**45,00**	13,00 57,00

Preisstand I/95 Index 221,8 (1976 = 100)

DIN 276	AK	AA	Bauteiltext	Lohn-anteil	LB-Nr.	Ein-heit	Preis DM	Preisspanne DM
326	01		**Horizontalabdichtung von Mauerwerk durch nachträgliches Einbringen einer Dichtschicht, incl. Vorarbeiten und Beiarbeiten der Wände, Wandstärken 25 – 100 cm, ohne Ausschachtungs- und Verbauarbeiten (je m² Wandquerschnitt)**					
31211		01	Trennung von Hand, Ziegel	****	018	m²	**1120,00**	1010,00 1368,00
		11	Mauersägeverfahren, Ziegel	***	018	m²	**800,00**	607,00 1005,00
		21	Bohrlochinjektion, drucklos	***	018	m²	**550,00**	446,00 740,00
		22	Bohrlochinjektion mit Druck	***	018	m²	**610,00**	523,00 810,00
		31	Einrammen von Edelstahlblechen	***	018	m²	**830,00**	795,00 916,00
		41	Elektroosmose	***	018	m²	**1750,00**	1480,00 2020,00
	02		**Horizontalabdichtung von Fachwerk durch Freilegen der Fußschwelle, nachträgliches Einbringen einer Dichtschicht, incl. Ausbau, Schuttabfuhr, Beiarbeiten der Ausfachung, Beiputz und Imprägnierung**					
31211		01	Hartholz mit Abfangung	****	018	m	510,00	459,00 589,00
		02	Nadelholz mit Abfangung	****	018	m	485,00	431,00 572,00
	05		**Bauwerkssohle abdichten, incl. notwendiger Vorarbeiten, Reinigen des Untergrundes, Verfüllen von Löchern und Rissen, Anschlüssen und Wandabdichtungen**					
31331		01	Sperrestrich mit Dichtungszusatz	*	018	m²	**41,00**	37,00 43,00
		02	Dichtungsschlämme	*	018	m²	**22,00**	20,00 25,00
		03	Dichtungsschlämme, Schutzestrich	*	018	m²	**45,00**	40,00 50,00
		04	Abklebung, 2 mm Schweißbahn	**	018	m²	**33,00**	30,00 38,00
		05	Abklebung, Schutzestrich	**	018	m²	**66,00**	57,00 71,00
		06	Gußasphaltestrich incl. Anschlüsse	*	018	m²	**55,00**	47,00 68,00

Preisstand I/95 Index 221,8 (1976 = 100)

Gründung: Bauwerksabdichtungen — Kostengruppe 326

DIN 276	AK	AA	Bauteiltext	Lohn-anteil	LB-Nr.	Ein-heit	Preis DM	Preisspanne DM
326	11		**Vertikale Dichtungen Aufgraben des Wandteils, Vorarbeiten von Wandflächen, Auftragen der Dichtungsschicht auf die Wand, Einbauen der Porwand, Wiederverfüllung**					
31314		01	3-lagiger Bitumenanstr., T < 1,5 m	****	018	m²	**395,00**	333,00 443,00
		02	Schweißbahn, T < 1,5 m	****	018	m²	**495,00**	432,00 546,00
		11	2-lagiger Sperrputz, T < 1,5 m	****	018	m²	**445,00**	373,00 498,00
		12	Sperrputz, Bitumenanstr., T < 1,5 m	****	018	m²	**495,00**	432,00 555,00
		13	Sperrputz, Schweißbahn, T < 1,5 m	****	018	m²	**590,00**	519,00 657,00
		21	3-lagiger Bitumenanst. T = 1,5 – 3 m	****	018	m²	**475,00**	412,00 543,00
		22	Schweißbahn, T = 1,5 – 3 m	****	018	m²	**580,00**	511,00 643,00
		31	2-lagiger Sperrputz, T = 1,5 – 3 m	****	018	m²	**510,00**	451,00 577,00
		32	Sperrputz, Bitumenanstr. T = 1,5 – 3 m	****	018	m²	**580,00**	511,00 643,00
		33	Sperrputz, Schweißbahn, T = 1,5 – 3 m	****	018	m²	**680,00**	613,00 756,00
	12		**Abdichtung gegen nichtdrückendes Wasser, incl. notwendiger Vorarbeiten, Reinigen des Untergrundes und Auskratzen der Fugen; Innenseite von Außenwänden**					
31315		01	Sperrputz auf Ziegelmauerwerk	***	018	m²	**51,00**	43,00 58,00
		02	Sperrputz, incl. Altputz abschlagen	***	018	m²	**72,00**	63,00 78,00
		11	Putz, Dichtungsschlämme auf Ziegel	***	018	m²	**61,00**	49,00 71,00
		12	Putz, Dichtungsschl., Altputz abschl.	***	018	m²	**78,00**	71,00 86,00
		13	Putz, Schweißbahn-Abklebung	***	018	m²	**93,00**	85,00 100,00
		15	elastische Abdichtung Naßräume (auf GK)	***	018	m²	**56,00**	46,00 69,00

Preisstand I/95 Index 221,8 (1976 = 100)

DIN 276	AK	AA	Bauteiltext	Lohn-anteil	LB-Nr.	Ein-heit	Preis DM	Preisspanne DM
327 *31314*	01		**Drainage zum Schutz von Gebäuden in Verbindung mit der Herstellung vertikaler Wandabdichtungen Bodenaushub des Rohrgrabens, Verlegen und Anschließen der Dränrohre an das Abwassernetz, Kiesabdeckung und Wiederverfüllung**					
		01	Dränrohr flexibel D = 100 mm	**	010	m	67,00	59,00 103,00

Preisstand I/95 Index 221,8 (1976 = 100)

DIN 276	AK	AA	Bauteiltext	Lohn-anteil	LB-Nr.	Ein-heit	Preis DM	Preisspanne DM
331 *31211*	01		**Betonwände incl. Schalung und Bewehrung**					
		01	D < 15 cm, zweiseitige Schalung	**	013	m²	**190,00**	183,00 197,00
		02	D = 15-25 cm, zweiseitige Schalung	**	013	m²	**205,00**	197,00 211,00
		11	D < 15 cm, einseitige Schalung	**	013	m²	**160,00**	148,00 176,00
		12	D = 15-25 cm, einseitige Schalung	**	013	m²	**175,00**	160,00 191,00
	11		**Mauerwerkswände für Verputz oder Bekleidungen**					
		01	Ziegel/KS D = 17,5 cm	**	012	m²	**105,00**	96,00 125,00
		02	Ziegel/KS D = 24,0 cm	**	012	m²	**140,00**	127,00 152,00
		03	Ziegel/KS D = 36,5 cm	**	012	m²	**210,00**	181,00 217,00
		04	KS-Planstein D = 17,5 cm	**	012	m²	**150,00**	127,00 160,00
		05	KS-Planstein D = 24,0 cm	**	012	m²	**190,00**	173,00 208,00
		11	HBL-Bims, D = 17,5 cm	**	012	m²	**99,00**	93,00 109,00
		12	HBL-Bims, D = 24,0 cm	**	012	m²	**130,00**	115,00 138,00
		13	HBL-Bims, D = 36,5 cm	**	012	m²	**175,00**	165,00 190,00
		21	hochdämmende Steine, D = 17,5 cm	**	012	m²	**130,00**	107,00 141,00
		22	hochdämmende Steine, D = 24,0 cm	**	012	m²	**175,00**	128,00 193,00
		23	hochdämmende Steine, D = 30,0 cm	**	012	m²	**205,00**	140,00 218,00
		24	hochdämmende Steine, D = 36,5 cm	**	012	m²	**225,00**	158,00 240,00
	12		**Sichtmauerwerkswände Normalformat, einseitig, incl. Sichtverfugung**					
		01	Ziegel/KS, D = 17,5 cm	**	012	m²	**175,00**	169,00 181,00
		02	Ziegel/KS, D = 24,0 cm	**	012	m²	**240,00**	232,00 250,00
		03	Ziegel/KS, D = 36,5 cm	**	012	m²	**340,00**	326,00 353,00

Preisstand I/95 Index 221,8 (1976 = 100)

DIN 276	AK	AA	Bauteiltext	Lohn-anteil	LB-Nr.	Ein-heit	Preis DM	Preisspanne DM
331 *31211*	13		**Natursteinmauerwerkswände Gesamtdicke ca. 50,0 cm, incl. Sichtverfugung und Hintermauerung**					
		01	Bruchsteinmauerwerk	**	014	m²	**610,00**	568,00 695,00
		11	hammerrechtes Mauerwerk	**	014	m²	**660,00**	597,00 727,00
	21		**Holzfachwerkwände, Mauerwerksausfachung Dicke ca. 15 cm, verputzt oder Sichtverfugung, Skelettbauweise mit ausgesteiften Holzverbindungen**					
		01	Hartholz Bimsmauerwerk	**	016	m²	**510,00**	451,00 540,00
		02	Hartholz Ziegelmauerwerk	**	016	m²	**530,00**	461,00 561,00
		04	Hartholz Lehmsteine	**	016	m²	**510,00**	440,00 526,00
		11	Nadelholz Bimsmauerwerk	**	016	m²	**420,00**	369,00 441,00
		12	Nadelholz Ziegelmauerwerk	**	016	m²	**440,00**	379,00 453,00
		14	Nadelholz Lehmsteine	**	016	m²	**420,00**	345,00 436,00

Preisstand I/95 Index 221,8 (1976 = 100)

DIN 276	AK	AA	Bauteiltext	Lohn-anteil	LB-Nr.	Ein-heit	Preis DM	Preisspanne DM
331 *31211*	22		**Holzfachwerkwände, Lehmausfachungen Skelettbauweise aus Nadelholz (NH) oder Hartholz (HH) mit ausgesteiften Holzverbindungen, mit Ausfachungen aus Strohlehm, Mineralleichtlehm oder im Lehmspritzverfahren mit Kalk- oder Kalklehmputz D = ca. 15 cm, mit Leichtlehminnenschale ca. 30 cm**					
		01	HH Strohlehm auf Stakung	***	016	m²	**690,00**	607,00 721,00
		02	HH Mineralleichtlehm	***	016	m²	**670,00**	588,00 698,00
		03	HH Lehmspritzverfahren	***	016	m²	**610,00**	526,00 623,00
		11	NH Strohlehm auf Stakung	***	016	m²	**610,00**	529,00 647,00
		12	NH Mineralleichtlehm	***	016	m²	**590,00**	508,00 607,00
		13	NH Lehmspritzverfahren	***	016	m²	**510,00**	448,00 522,00
		21	plus Innenschale Strohlehm	***	900	m²	**180,00**	160,00 197,00
		22	plus Innenschale Mineralleichtlehm	***	900	m²	**165,00**	155,00 183,00
		23	plus Innenschale Lehmspritzverfahren	***	900	m²	**125,00**	107,00 129,00
	51		**Betonwände instandsetzen zur Sicherung der Gebrauchsfähigkeit, incl. Vorarbeiten, Schutzmaßnahmen, Vorbehandlungen und Schuttabfuhr**					
		01	Löcher, Risse schließen	***	906	m²	**31,00**	21,00 43,00
		02	Bewehrung freilegen, Rostschutz	***	906	m²	**36,00**	21,00 47,00
		03	Abplatzungen, Reparaturmörtel	***	906	m²	**68,00**	58,00 93,00
		04	Spezial-Schlußbeschichtung	***	906	m²	**36,00**	23,00 45,00
		11	betonierte Vorsatzschalen, armiert	***	906	m²	**215,00**	150,00 185,00

Preisstand I/95 Index 221,8 (1976 = 100)

DIN 276	AK	AA	Bauteiltext	Lohn-anteil	LB-Nr.	Ein-heit	Preis DM	Preisspanne DM
331 *31211*	52		**Mauerwerkswände instandsetzen einseitig, Mauerziegel, kleine Flächen, incl. Vorarbeiten**					
		01	D = ca. 12 cm, aufmauern, Verfug.	***	906	m^2	**245,00**	228,00 257,00
		02	D = ca. 25 cm, aufmauern, Verfug.	***	906	m^2	**330,00**	300,00 350,00
		03	D = ca. 38 cm, aufmauern, Verfug.	***	906	m^2	**405,00**	378,00 428,00
		11	D = ca. 12 cm, aufmauern, Verputz	***	906	m^2	**255,00**	236,00 278,00
		12	D = ca. 25 cm, aufmauern, Verputz	***	906	m^2	**340,00**	325,00 363,00
		13	D = ca. 38 cm, aufmauern, Verputz	***	906	m^2	**410,00**	381,00 435,00
		21	Mauerkronen, D = ca. 25 cm, aufmauern	***	906	m^2	**250,00**	236,00 263,00
		22	Mauerkronen, D = ca. 38 cm, aufmauern	***	906	m^2	**295,00**	285,00 315,00
		23	Mauerkronen, D = ca. 51 cm, aufmauern	***	906	m^2	**360,00**	336,00 371,00
		31	gemauerte Vorsatzschalen	***	906	m^2	**265,00**	128,00 157,00
		32	betonierte Vorsatzschalen	***	906	m^2	**215,00**	150,00 186,00
	53		**Naturstein-Mauerwerkswände instandsetzen, incl. partiellem Ausbau, Schuttabfuhr, Beimauern, Beiputz und Verfugung**					
		01	Bruchsteinmauerwerk	***	906	m^2	**415,00**	363,00 441,00
		02	hammerrechtes Mauerwerk	***	906	m^2	**465,00**	405,00 508,00
		11	Oberfläche scharrieren / stocken	****	906	m^2	**61,00**	52,00 73,00
		12	Oberfläche mit Spezialmörtel ausbessern	****	906	m^2	**83,00**	52,00 93,00
		21	schadhafte Fugen ausräumen, neu verfugen	****	906	m^2	**69,00**	56,00 76,00

Preisstand I/95 Index 221,8 (1976 = 100)

DIN 276	AK	AA	Bauteiltext	Lohnanteil	LB-Nr.	Einheit	Preis DM	Preisspanne DM
331 *31211*	54		**Sichtmauerwerkswände instandsetzen, incl. Ausbau, Schuttabfuhr und Verfugung**					
		01	Erneuerung einzelner Ziegel	****	906	St	**29,00**	26,00 33,00
		02	Erneuerung einzelner Formziegel	****	906	St	**50,00**	46,00 53,00
		11	Erneu. hammerr. Naturst. ca.10x20cm	****	906	St	**72,00**	63,00 77,00
		12	Erneu. hammerr. Naturst. ca.20x20cm	****	906	St	**99,00**	90,00 107,00
		13	Erneu. hammerr. Naturst. ca.20x40cm	****	906	St	**145,00**	131,00 150,00
		21	Erneuerung einzelner Bruchsteine	****	906	St	**57,00**	53,00 63,00
	55		**Fachwerk, Tragkonstruktion instandsetzen durch Erneuern von Holzteilen, ca. 12x14cm, Schwellen, Sohlen, Fensterriegel, Stützen, incl. Ausbau, Schuttabfuhr, Beiarbeiten der Ausfachung, Beiputz u. Imprägnierung**					
		01	Eichenholz, ohne Abfangung	***	016	m	**145,00**	121,00 200,00
		02	Eichenholz, mit Abfangung	***	016	m	**255,00**	213,00 335,00
		11	Nadelholz, ohne Abfangung	***	016	m	**105,00**	96,00 122,00
		12	Nadelholz, mit Abfangung	***	016	m	**215,00**	198,00 272,00

Preisstand I/95 Index 221,8 (1976 = 100)

DIN 276	AK	AA	Bauteiltext	Lohn-anteil	LB-Nr.	Ein-heit	Preis DM	Preisspanne DM
331 *31211*	57		**Fachwerkwände instandsetzen Ausbau geschädigter Wandpartien, Instandsetzung der Konstruktion, Beiarbeiten der Ausfachungen, Imprägnierung, Beiputz**					
		01	Hartholz, Bimsmauerwerk	***	016	m²	**285,00**	240,00 317,00
		02	Hartholz, Ziegelmauerwerk	***	016	m²	**315,00**	273,00 347,00
		03	Hartholz, KS-Mauerwerk	***	016	m²	**280,00**	238,00 307,00
		04	Hartholz, Lehmausfachung	***	016	m²	**345,00**	293,00 389,00
		11	Nadelholz, Bimsmauerwerk	***	016	m²	**225,00**	180,00 281,00
		12	Nadelholz, Ziegelmauerwerk	***	016	m²	**250,00**	203,00 283,00
		13	Nadelholz, KS-Mauerwerk	***	016	m²	**225,00**	183,00 278,00
		14	Nadelholz, Lehmausfachung	***	016	m²	**315,00**	265,00 361,00
		21	Konstruktion mit Winde ausrichten	****	016	m²	**28,00**	23,00 32,00

Preisstand I/95 Index 221,8 (1976 = 100)

DIN 276	AK	AA	Bauteiltext	Lohn-anteil	LB-Nr.	Ein-heit	Preis DM	Preisspanne DM
331 *31211*	61		**Öffnungen in Wänden herstellen in tragendem Mauerwerk, Abfangung, Überdeckungen, Beimauerungen und Beiputz, incl. Schuttabfuhr**					
		01	D = ca. 25 cm, Größe bis 1 m^2	***	012	m^2	**570,00**	533,00 570,00
		02	D = ca. 38 cm, Größe bis 1 m^2	***	012	m^2	**770,00**	746,00 785,00
		03	D = ca. 51 cm, Größe bis 1 m^2	***	012	m^2	**910,00**	876,00 927,00
		04	D = ca. 64 cm, Größe bis 1 m^2	***	012	m^2	**990,00**	962,00 1013,00
		11	D = ca. 25 cm, Größe bis 2 m^2	***	012	m^2	**510,00**	485,00 542,00
		12	D = ca. 38 cm, Größe bis 2 m^2	***	012	m^2	**570,00**	528,00 585,00
		13	D = ca. 51 cm, Größe bis 2 m^2	***	012	m^2	**600,00**	570,00 627,00
		14	D = ca. 64 cm, Größe bis 2 m^2	***	012	m^2	**660,00**	620,00 685,00
		21	D = ca. 25 cm, Größe über 2 m^2	***	012	m^2	**420,00**	407,00 449,00
		22	D = ca. 38 cm, Größe über 2 m^2	***	012	m^2	**470,00**	451,00 492,00
		23	D = ca. 51 cm, Größe über 2 m^2	***	012	m^2	**510,00**	492,00 533,00
		24	D = ca. 64 cm, Größe über 2 m^2	***	012	m^2	**570,00**	533,00 570,00
		31	D = ca. 16 cm, Fachwerkwände	***	016	m^2	**470,00**	432,00 512,00

Preisstand I/95 Index 221,8 (1976 = 100)

DIN 276	AK	AA	Bauteiltext	Lohn-anteil	LB-Nr.	Ein-heit	Preis DM	Preisspanne DM
331 *31211*	62		**Durchbrüche in Wänden herstellen in tragendem Mauerwerk für die Verlegung von Rohrleitungen, incl. Schuttabfuhr und späterem Schließen in Beton, Ziegel- und Natursteinmauerwerk**					
		01	D = ca. 25 cm, Bohrungen ∅ ca. 3 cm	****	949	St	**29,00**	26,00 32,00
		02	D = ca. 38 cm, Bohrungen ∅ ca. 3 cm	****	949	St	**33,00**	32,00 38,00
		03	D = ca. 51 cm, Bohrungen ∅ ca. 3 cm	****	949	St	**41,00**	37,00 43,00
		04	D = ca. 64 cm, Bohrungen ∅ ca. 3 cm	****	949	St	**47,00**	43,00 48,00
		11	D = ca. 25 cm, Größe bis 0,10 m^2	****	949	St	**91,00**	83,00 95,00
		12	D = ca. 38 cm, Größe bis 0,10 m^2	****	949	St	**96,00**	90,00 100,00
		13	D = ca. 51 cm, Größe bis 0,10 m^2	****	949	St	**110,00**	99,00 108,00
		14	D = ca. 64 cm, Größe bis 0,10 m^2	****	949	St	**125,00**	107,00 121,00
	63		**Öffnungen schließen, massiv mit Mauerwerk, für Verputz, incl. notwendiger Vorarbeiten**					
		01	Wanddicke ca. 12 cm	**	012	m^2	**160,00**	136,00 187,00
		02	Wanddicke ca. 25 cm	**	012	m^2	**240,00**	208,00 266,00
		03	Wanddicke ca. 38 cm	**	012	m^2	**315,00**	289,00 340,00
		04	Wanddicke ca. 51 cm	**	012	m^2	**375,00**	347,00 406,00
	81		**Sanierung geschädigter Holzteile von Fäulnis, Pilzen oder Holzschädlingen befallene Holzkonstruktionen freilegen und chemisch behandeln, incl. aller Vorarbeiten, Schutzmaßnahmen und Schuttabfuhr, sowie Verbrennen ausgebauter Hölzer und Späne**					
		01	Holz abbürsten, abhobeln	****	016	m^2	**13,00**	10,00 16,00
		02	Holz abbeilen, abflammen	****	016	m^2	**27,00**	20,00 33,00
		11	Holz imprägnieren, streichen/spritzen	****	016	m^2	**48,00**	40,00 53,00
		12	Holz imprägnieren, Bohrlochtränkung	****	016	m^2	**75,00**	68,00 82,00

Preisstand I/95 Index 221,8 (1976 = 100)

DIN 276	AK	AA	Bauteiltext	Lohnanteil	LB-Nr.	Einheit	Preis DM	Preisspanne DM
331 *31211*	82		**Sanierung befallenen Mauerwerks von Hausschwamm befallenes oder mit Salzen durchsetztes Mauerwerk mit verschiedenen Maßnahmen sanieren, incl. aller Vorarbeiten, Schutzmaßnahmen und Schuttabfuhr**					
		01	Mauerwerk Fugen auskratzen	****	906	m^2	**11,00**	9,00 12,00
		02	Mauerwerk Fugen freistemmen	****	906	m^2	**37,00**	21,00 59,00
		03	Mauerwerk reinigen, bürsten	****	906	m^2	**8,00**	7,00 9,00
		05	Putz abschlagen, Fugen auskratzen	***	906	m^2	**31,00**	23,00 33,00
		21	Mauerwerk sandstrahlen	****	906	m^2	**26,00**	23,00 27,00
		22	Mauerwerk abflämmen	****	906	m^2	**13,00**	10,00 16,00
		31	Mauerwerk Streichimprägnierung	****	906	m^2	**25,00**	23,00 33,00
		32	Mauerwerk Bohrlochimprägnierung	****	906	m^2	**430,00**	401,00 807,00
		33	Mauerwerk chem. Salzbehandlung	****	906	m^2	**36,00**	33,00 53,00
		34	Mauerwerk chem. Schwammbehandlung	****	906	m^2	**22,00**	21,00 31,00
		41	Mauerwerk Neuverfugung	****	906	m^2	**33,00**	29,00 40,00
		42	Mauerwerk neuer Sperrputz	***	906	m^2	**57,00**	53,00 67,00
		43	Mauerwerk Sanierputz	***	906	m^2	**91,00**	86,00 120,00

Preisstand I/95 Index 221,8 (1976 = 100)

DIN 276	AK	AA	Bauteiltext	Lohn-anteil	LB-Nr.	Ein-heit	Preis DM	Preisspanne DM
332 *31311*	01		**Ausfachungen erneuern D = ca. 15 cm, incl. Ausbau der vorhandenen Ausfachung und Schuttabfuhr**					
		01	Bimssteine, Verputz und Anstrich	***	012	m²	**215,00**	183,00 218,00
		02	Ziegel/KS, Verputz und Anstrich	***	012	m²	**235,00**	201,00 262,00
		04	Lehmsteine, Verputz und Anstrich	***	012	m²	**235,00**	176,00 237,00
		12	Ziegel, Sichtverfugung	***	012	m²	**265,00**	210,00 293,00
		24	Lehm auf Stakung, Verputz	****	900	m²	**400,00**	353,00 440,00
		25	Mineralleichtlehm in Schalung, Verputz	***	900	m²	**380,00**	342,00 410,00
		26	Leichtlehm im Spritzverfahren, Verputz	****	900	m²	**235,00**	212,00 255,00
	11		**Zugemauerte Öffnungen ausbrechen unter Beibehaltung von Sturz und Leibungen, incl. Schuttabfuhr und Beiputz**					
		01	D = ca. 12 cm	***	012	m²	**52,00**	47,00 59,00
		02	D = ca. 24 cm	***	012	m²	**90,00**	80,00 97,00
		03	D = ca. 36 cm	***	012	m²	**120,00**	107,00 129,00
		04	D = ca. 51 cm	***	012	m²	**165,00**	149,00 176,00
	12		**Wandöffnungen schließen mit Mauerwerk, für Verputz, incl. notwendiger Vorarbeiten**					
		01	D = ca. 12 cm	***	012	m²	**140,00**	136,00 187,00
		02	D = ca. 24 cm	***	012	m²	**215,00**	208,00 266,00
		03	D = ca. 36 cm	***	012	m²	**285,00**	286,00 340,00
		04	D = ca. 51 cm	***	012	m²	**345,00**	347,00 406,00
		31	einseitig Sichtmauerwerk (Zulage)	***	012	m²	**80,00**	67,00 101,00

Preisstand I/95 Index 221,8 (1976 = 100)

DIN 276	AK	AA	Bauteiltext	Lohnanteil	LB-Nr.	Einheit	Preis DM	Preisspanne DM
333 *31212*	01		**Betonstützen** **zur Abfangung von Lasten, incl. Schalung Bewehrung, Druckpolster und notwendiger Abstützungen, ohne Fundamentierung**					
		01	Querschnitt bis 600 cm²	**	013	m	**155,00**	142,00 171,00
		02	Querschnitt 600 – 1200 cm²	**	013	m	**305,00**	285,00 328,00
		11	Querschnitt bis 600 cm², Sichtbeton	**	013	m	**170,00**	150,00 192,00
		12	Querschnitt 600 – 1200 cm², Sichtbeton	**	013	m	**330,00**	299,00 356,00
	02		**Mauerpfeiler** **zur Abfangung der Lasten, incl. erforderlicher Verzahnung, ohne Fundamentierung**					
		01	24 x 24 cm, Verputz	**	012	m	**145,00**	123,00 157,00
		02	24 x 36,5 cm, Verputz	**	012	m	**205,00**	181,00 223,00
		03	36,5 x 36,5 cm, Verputz	**	012	m	**260,00**	238,00 323,00
		11	24 x 24 cm, Sichtmauerwerk	**	012	m	**130,00**	117,00 145,00
		12	24 x 36,5 cm, Sichtmauerwerk	**	012	m	**150,00**	135,00 171,00
		13	36,5 x 36,5 cm, Sichtmauerwerk	**	012	m	**210,00**	186,00 228,00
		21	Pfeilervorlagen 11,5 x 24 cm, Verputz	**	012	m	**78,00**	71,00 90,00
		22	Pfeilervorlagen 24 x 24 cm, Verputz	**	012	m	**105,00**	95,00 12,00
		23	Pfeilervorlagen 24 x 36,5 cm, Verputz	**	012	m	**135,00**	121,00 150,00
		31	Pfeilerv. 11,5 x 24 cm, Sichtmauerwk.	**	012	m	**72,00**	63,00 81,00
		32	Pfeilerv. 24 x 24 cm, Sichtmauerwk.	**	012	m	**99,00**	90,00 109,00
		33	Pfeilerv. 24 x 36,5 cm, Sichtmauerwk.	**	012	m	**130,00**	113,00 143,00

Preisstand I/95 Index 221,8 (1976 = 100)

DIN 276	AK	AA	Bauteiltext	Lohn-anteil	LB-Nr.	Ein-heit	Preis DM	Preisspanne DM
333 *31212*	03		**Natursteinmauerwerksstützen zur Abfangung von Lasten, ohne Fundamentierung**					
		01	Bruchsteinmauerwerk, bis 900 cm²	**	014	m	**345,00**	308,00 401,00
		02	Bruchsteinmauerwerk, 900 – 2500 cm²	**	014	m	**485,00**	426,00 539,00
		11	hammerrechtes Mauerwerk, bis 900 cm²	**	014	m	**375,00**	315,00 436,00
		12	hammerrechtes Mauerwerk, 900 – 2500 cm²	**	014	m	**510,00**	453,00 573,00
	04		**Holzstützen gehobelt, zur Abtragung von Lasten, Ausbildung der Fuß- und Eckanschlüsse, Verbindung mit der vorh. Konstruktion und notwendige Verstrebungen, ohne Fundamentierung**					
		01	Querschnitt bis 150 cm²	**	016	m	**97,00**	72,00 116,00
		02	Querschnitt bis 300 cm²	**	016	m	**105,00**	83,00 122,00
		04	Leimholz bis 150 cm²	**	016	m	**135,00**	101,00 161,00
		05	Leimholz bis 300 cm²	**	016	m	**225,00**	200,00 251,00
	05		**Stahlstützen zur Abfangung von Lasten, incl. Druckausgleichsplatten, ohne Fundamentierung**					
		01	Walzprofile bis IPBL 100	**	017	m	**200,00**	181,00 203,00
		02	Walzprofile bis IPBL 160	**	017	m	**395,00**	385,00 421,00
		03	Walzprofile bis IPBL 200	**	017	m	**580,00**	541,00 600,00
		11	Hohlprofile bis Q-Rohr 100	**	017	m	**135,00**	129,00 147,00
		12	Hohlprofile bis Q-Rohr 160	**	017	m	**365,00**	350,00 385,00
		13	Hohlprofile bis Q-Rohr 200	**	017	m	**465,00**	435,00 493,00

Preisstand I/95 Index 221,8 (1976 = 100)

DIN 276	AK	AA	Bauteiltext	Lohn-anteil	LB-Nr.	Ein-heit	Preis DM	Preisspanne DM
333 *31212*	31		**Stahlrähme zur Abfangung von Lasten und als Auflager auf Stützen, incl. notwendiger Verstrebungen und kraftschlüssiger Anschlüsse**					
		01	Walzprofile bis IPBL 100	**	017	m	**155,00**	109,00 200,00
		02	Walzprofile bis IPBL 160	**	017	m	**225,00**	179,00 257,00
		03	Walzprofile bis IPBL 200	**	017	m	**315,00**	241,00 360,00
	51		**Betonstützen instandsetzen durch Freilegung und Ergänzung der Bewehrung, Wiederherstellen der notwendigen Überdeckung**					
		01	Betonstützen	***	906	m	**110,00**	93,00 133,00
		02	Sichtbetonstützen	***	906	m	**125,00**	101,00 155,00
	52		**Mauerwerksstützen instandsetzen, incl. partiellem Ausbau, Schuttabfuhr, Beimauern, Verfestigen des Mauerwerks, neuer Verfugung, Einlegen von Profilstäben, Sichtmauerwerk oder Beiputz und Anstrich**					
		01	Pfeiler	***	906	m	**140,00**	108,00 153,00
		02	Pfeiler Sichtmauerwerk	***	906	m	**120,00**	95,00 133,00
		03	Vorlagen	***	906	m	**99,00**	72,00 125,00
		04	Vorlagen Sichtmauerwerk	***	906	m	**88,00**	65,00 113,00
	53		**Naturstein-Mauerwerkstützen instandsetzen, incl. partiellem Ausbau, Schuttabfuhr, Beimauern und Verfugung**					
		01	Bruchsteinmauerwerk	***	906	m	**410,00**	360,00 463,00
		02	hammerrechtes Mauerwerk	***	906	m	**465,00**	422,00 521,00

Preisstand I/95 Index 221,8 (1976 = 100)

Außenwände: Außenstützen — Kostengruppe 333

DIN 276	AK	AA	Bauteiltext	Lohn-anteil	LB-Nr.	Ein-heit	Preis DM	Preisspanne DM
333 *31212*	54		**Holzstützen instandsetzen Austausch bzw. Verstärkung geschädigter Partien mittels Anschuhen bzw. Verlaschen mit Metallverbindungen, Sanierung bzw. Austausch der Fuß- und Kopfanschlußpunkte**					
		01	Nadelholz, ohne neue Fundamente	***	016	m	**185,00**	160,00 223,00
		02	Nadelholz, Fußprofil mit Betonfundament	***	016	m	**290,00**	232,00 323,00
		03	Hartholz, ohne neue Fundamente	***	016	m	**260,00**	232,00 293,00
		04	Hartholz, Fußprofil mit Betonfundament	***	016	m	**355,00**	293,00 393,00
	55		**Stahlstützen instandsetzen Verstärkung der Stützen sowie der Kopf- und Fußanschlußpunkte**					
		01	Walzprofile	***	017	m	**305,00**	253,00 358,00
		02	Hohlprofile	***	017	m	**240,00**	195,00 297,00

Preisstand I/95 Index 221,8 (1976 = 100)

DIN 276	AK	AA	Bauteiltext	Lohn-anteil	LB-Nr.	Ein-heit	Preis DM	Preisspanne DM
334 *31312*	01		**Zweites Holzfenster hinter vorhandenem in die Leibung gesetzt (Kastenfenster), incl. Verglasung, Beschlägen, Vorarbeiten, Beiputz, Oberflächenbehandlung und Schuttabfuhr**					
		01	einflügelig, Größe bis 0,50 m²	**	901	m²	**1140,00**	1023,00 1231,00
		02	einflügelig, Größe 0,50 – 1,00 m²	**	901	m²	**810,00**	743,00 881,00
		03	einflügelig, Größe 1,00 – 1,75 m²	**	901	m²	**590,00**	535,00 639,00
		11	mehrflügelig, Größe 1,00 – 1,75 m²	**	901	m²	**720,00**	645,00 778,00
		12	mehrflügelig, Größe 1,75 – 2,50 m²	**	901	m²	**640,00**	580,00 695,00
		13	mehrflügelig, Größe über 2,50 m²	**	901	m²	**670,00**	610,00 729,00
	02		**Holzfenster, Wärmeschutzverglasung, incl. Ausbau altes Fenster und Schuttabfuhr, Verglasung, Beschlägen, Beiputz, Oberflächenbehandlung und dauerelastischer Fugenabdichtung**					
		01	einflügelig, Größe bis 0,50 m²	**	901	m²	**1280,00**	1117,00 1406,00
		02	einflügelig, Größe 0,50 – 1,00 m²	**	901	m²	**860,00**	756,00 920,00
		03	einflügelig, Größe 1,00 – 1,75 m²	**	901	m²	**750,00**	671,00 813,00
		11	mehrflügelig, Größe 1,00 – 1,75 m²	**	901	m²	**860,00**	778,00 933,00
		12	mehrflügelig, Größe 1,75 – 2,50 m²	**	901	m²	**780,00**	707,00 853,00
		13	mehrflügelig, Größe über 2,50 m²	**	901	m²	810,00	716,00 882,00

Preisstand I/95 Index 221,8 (1976 = 100)

DIN 276	AK	AA	Bauteiltext	Lohnanteil	LB-Nr.	Einheit	Preis DM	Preisspanne DM
334 *31312*	03		**Holzsprossenfenster, Wärmeschutzverglasung in denkmalgerechter Ausführung hinsichtlich Teilung und Profilierung, incl. Ausbau altes Fenster und Schuttabfuhr, Verglasung, Beschlägen, Beiputz, Oberflächenbehandlung und dauerelastischer Fugenabdichtung**					
		01	einflügelig, Größe bis 0,50 m²	**	901	m²	**1440,00**	1276,00 1538,00
		02	einflügelig, Größe 0,50 – 1,00 m²	**	901	m²	**1060,00**	951,00 1145,00
		03	einflügelig, Größe 1,00 – 1,75 m²	**	901	m²	**920,00**	818,00 987,00
		11	mehrflügelig, Größe 1,00 – 1,75 m²	**	901	m²	**1000,00**	899,00 1090,00
		12	mehrflügelig, Größe 1,75 – 2,50 m²	**	901	m²	**950,00**	853,00 1038,00
		13	mehrflügelig, Größe über 2,50 m²	**	901	m²	**1020,00**	909,00 1106,00
	04		**Holzsprossen-Verbundfenster in denkmalgerechter Ausführung hinsichtlich Profilstärken, Teilung und Profilierung, äußere Sprossen, Verglasung, incl. Ausbau altes Fenster und Schuttabfuhr, Beschlägen, Beiputz und dauerelastischer Fugenabdichtung**					
		01	einflügelig, Größe bis 0,50 m²	**	901	m²	**2050,00**	1821,00 2127,00
		02	einflügelig, Größe 0,50 – 1,00 m²	**	901	m²	**1530,00**	1369,00 1635,00
		03	einflügelig, Größe 1,00 – 1,75 m²	**	901	m²	**1260,00**	1099,00 1361,00
		11	mehrflügelig, Größe 1,00 – 1,75 m²	**	901	m²	**1440,00**	1317,00 1541,00
		12	mehrflügelig, Größe 1,75 – 2,50 m²	**	901	m²	**1280,00**	1123,00 1385,00
		13	mehrflügelig, Größe über 2,50 m²	**	901	m²	**1390,00**	1220,00 1505,00

Preisstand I/95 Index 221,8 (1976 = 100)

DIN 276	AK	AA	Bauteiltext	Lohn-anteil	LB-Nr.	Ein-heit	Preis DM	Preisspanne DM
334 *31312*	05		**Holzschallschutzfenster Schallschutzklasse IV, mit erhöhtem Luftabstand der Scheiben, bzw. unterschiedlichen Scheibendicken Doppeldichtung, incl. Ausbau altes Fenster und Schuttabfuhr, Verglasung, Beschlägen, Beiputz, Oberflächenbehandlung und dauerelastischer Fugenabdichtung**					
		01	einflügelig, Größe bis 0,50 m²	**	901	m²	**1550,00**	1372,00 1659,00
		02	einflügelig, Größe 0,50 – 1,00 m²	**	901	m²	**1120,00**	997,00 1220,00
		03	einflügelig, Größe 1,00 – 1,75 m²	**	901	m²	**910,00**	805,00 985,00
		11	mehrflügelig, Größe 1,00 – 1,75 m²	**	901	m²	**960,00**	868,00 1046,00
		12	mehrflügelig, Größe 1,75 – 2,50 m²	**	901	m²	**920,00**	832,00 993,00
		13	mehrflügelig, Größe über 2,50 m²	**	901	m²	**940,00**	855,00 1027,00
		21	Zulage Dreifachverglasung	*	901	m²	**86,00**	80,00 90,00
	11		**Kunststoffenster, Wärmeschutzverglasung, incl. Ausbau altes Fenster und Schuttabfuhr, Verglasung, Beschlägen, Beiputz und dauerelastischer Fugenabdichtung**					
		01	einflügelig, Größe bis 0,50 m²	**	901	m²	**1140,00**	985,00 1241,00
		02	einflügelig, Größe 0,50 – 1,00 m²	**	901	m²	**760,00**	656,00 856,00
		03	einflügelig, Größe 1,00 – 1,75 m²	**	901	m²	**620,00**	540,00 697,00
		11	mehrflügelig, Größe 1,00 – 1,75 m²	**	901	m²	**720,00**	963,00 803,00
		12	mehrflügelig, Größe 1,75 – 2,50 m²	**	901	m²	**640,00**	561,00 719,00
		13	mehrflügelig, Größe über 2,50 m²	**	901	m²	**660,00**	577,00 769,00

Preisstand I/95 Index 221,8 (1976 = 100)

DIN 276	AK	AA	Bauteiltext	Lohn-anteil	LB-Nr.	Ein-heit	Preis DM	Preisspanne DM
334 *31312*	12		**Kunststoffsprossenfenster, Wärmeschutzverglasung in denkmalgerechter Ausführung hinsichtlich Profilstärken, Teilung und Profilierung, incl. Ausbau altes Fenster und Schuttabfuhr, Beiputz und dauerelastischer Fugenabdichtung**					
		01	einflügelig, Größe bis 0,50 m^2	**	901	m^2	**1600,00**	1412,00 1715,00
		02	einflügelig, Größe 0,50 – 1,00 m^2	**	901	m^2	**1240,00**	1082,00 1343,00
		03	einflügelig, Größe 1,00 – 1,75 m^2	**	901	m^2	**940,00**	837,00 1026,00
		11	mehrflügelig, Größe 1,00 – 1,75 m^2	**	901	m^2	**1140,00**	1019,00 1238,00
		12	mehrflügelig, Größe 1,75 – 2,50 m^2	**	901	m^2	**980,00**	873,00 1069,00
		13	mehrflügelig, Größe über 2,50 m^2	**	901	m^2	**1030,00**	913,00 1122,00
	13		**Kunststoffsprossen-Verbundfenster in denkmalgerechter Ausführung hinsichtlich Profilstärken, Teilung u. Profilierung, incl. Ausbau altes Fenster und Schuttabfuhr, außen Einfachverglasung mit Sprossen und innen Wärmeschutzverglasung, Beschlägen, Beiputz und dauerelastischer Fugenabdichtung**					
		01	einflügelig, Größe bis 0,50 m^2	**	901	m^2	**2300,00**	2029,00 2379,00
		02	einflügelig, Größe 0,50 – 1,00 m^2	**	901	m^2	**1600,00**	1422,00 1717,00
		03	einflügelig, Größe 1,00 – 1,75 m^2	**	901	m^2	**1400,00**	1243,00 1511,00
		11	mehrflügelig, Größe 1,00 – 1,75 m^2	**	901	m^2	**1600,00**	1412,00 1723,00
		12	mehrflügelig, Größe 1,75 – 2,50 m^2	**	901	m^2	**1420,00**	1269,00 1527,00
		13	mehrflügelig, Größe über 2,50 m^2	**	901	m^2	**1550,00**	1371,00 1666,00

Preisstand I/95 Index 221,8 (1976 = 100)

DIN 276	AK	AA	Bauteiltext	Lohn-anteil	LB-Nr.	Ein-heit	Preis DM	Preisspanne DM
334 *31312*	14		**Kunststoff-Schallschutzfenster Schallschutzklasse IV, mit erhöhtem Luftabstand der Scheiben, bzw. unterschiedlichen Scheibendicken Doppeldichtung, incl. Ausbau altes Fenster und Schuttabfuhr, Verglasung, Beschlägen, Beiputz, dauerelastischer Fugenabdichtung**					
		01	einflügelig, Größe bis 0,50 m²	**	901	m²	**1500,00**	1317,00 1612,00
		02	einflügelig, Größe 0,50 – 1,00 m²	**	901	m²	**960,00**	1017,00 1165,00
		03	einflügelig, Größe 1,00 – 1,75 m²	**	901	m²	**800,00**	701,00 898,00
		11	mehrflügelig, Größe 1,00 – 1,75 m²	**	901	m²	**890,00**	781,00 992,00
		12	mehrflügelig, Größe 1,75 – 2,50 m²	**	901	m²	**800,00**	1053,00 941,00
		13	mehrflügelig, Größe über 2,50 m²	**	901	m²	810,00	698,00 910,00
		21	Zulage Dreifachverglasung (SK V)	*	901	m²	**86,00**	80,00 90,00
	21		**Aluminiumfenster, Wärmeschutzverglasung Rahmen eloxiert, thermisch getrennt, incl. Ausbau altes Fenster und Schuttabfuhr, Verglasung, Beschlägen, Beiputz und dauerelastischer Fugenabdichtung**					
		01	einflügelig, Größe bis 0,50 m²	**	901	m²	**2050,00**	1840,00 2180,00
		02	einflügelig, Größe 0,50 – 1,00 m²	**	901	m²	**1760,00**	1605,00 1879,00
		03	einflügelig, Größe 1,00 – 1,75 m²	**	901	m²	**1200,00**	1061,00 1295,00
		11	mehrflügelig, Größe 1,00 – 1,75 m²	**	901	m²	**1460,00**	1293,00 1583,00
		12	mehrflügelig, Größe 1,75 – 2,50 m²	**	901	m²	**1240,00**	1080,00 1356,00
		13	mehrflügelig, Größe über 2,50 m²	**	901	m²	**1300,00**	1153,00 1420,00

Preisstand I/95 Index 221,8 (1976 = 100)

DIN 276	AK	AA	Bauteiltext	Lohn-anteil	LB-Nr.	Ein-heit	Preis DM	Preisspanne DM
334 *31312*	22		**Aluminium-Schallschutzfenster Schallschutzklasse IV, Rahmen eloxiert, thermisch getrennt, mit erhöhtem Luftabstand der Scheiben, bzw. unterschiedlichen Scheibendicken, incl. Ausbau altes Fenster und Schuttabfuhr, Beiputz, Verglasung, Beschlägen und dauerelatischer Fugenabdichtung**					
		01	einflügelig, Größe bis 0,50 m²	**	901	m²	**2300,00**	2025,00 2380,00
		02	einflügelig, Größe 0,50 – 1,00 m²	**	901	m²	2050,00	1817,00 2156,00
		03	einflügelig, Größe 1,00 – 1,75 m²	**	901	m²	**1270,00**	1113,00 1388,00
		11	mehrflügelig, Größe 1,00 – 1,75 m²	**	901	m²	**1570,00**	1387,00 1678,00
		12	mehrflügelig, Größe 1,75 – 2,50 m²	**	901	m²	**1330,00**	1182,00 1440,00
		13	mehrflügelig, Größe über 2,50 m²	**	901	m²	**1460,00**	1291,00 1576,00
		21	Zulage Dreifachverglasung (SK V)	*	901	m²	**86,00**	80,00 90,00
	25		**Stahlfenster, Wärmeschutzverglasung, incl. Ausbau vorhandener Konstruktion, Verglasung, Beschlägen, Beiputz und dauerelastischer Fugenabdichtung**					
		01	einflügelig, Größe bis 0,50 m²	**	901	m²	**2250,00**	2021,00 2375,00
		02	einflügelig, Größe 0,50 – 1,00 m²	**	901	m²	**1920,00**	1708,00 2175,00
		03	einflügelig, Größe 1,00 – 1,75 m²	**	901	m²	**1340,00**	1073,00 1602,00
		11	mehrflügelig, Größe 1,00 – 1,75 m²	**	901	m²	**1600,00**	1322,00 1880,00
		12	mehrflügelig, Größe 1,75 – 2,50 m²	**	901	m²	**1340,00**	1123,00 1595,00
		13	mehrflügelig, Größe über 2,50 m²	**	901	m²	**1390,00**	1162,00 1573,00

Preisstand I/95 Index 221,8 (1976 = 100)

DIN 276	AK	AA	Bauteiltext	Lohn-anteil	LB-Nr.	Ein-heit	Preis DM	Preisspanne DM
334 *31312*	26		**Stahlsprossenfenster in denkmalgerechter Ausführung hinsichtlich Stärke, Profilierung und Teilung, incl. Ausbau vorhandene Konstruktion, Beschlägen, Beiputz und dauerelastischer Fugenabdichtung**					
		01	einflügelig, Größe bis 0,50 m²	**	901	m²	**2800,00**	2451,00 2913,00
		02	einflügelig, Größe 0,50 – 1,00 m²	**	901	m²	**2450,00**	2245,00 2599,00
		03	einflügelig, Größe 1,00 – 1,75 m²	**	901	m²	**1710,00**	1550,00 1821,00
		11	mehrflügelig, Größe 1,00 – 1,75 m²	**	901	m²	**1920,00**	1712,00 2072,00
		12	mehrflügelig, Größe 1,75 – 2,50 m²	**	901	m²	**1600,00**	1413,00 1710,00
		13	mehrflügelig, Größe über 2,50 m²	**	901	m²	**1600,00**	1413,00 1727,00
	31		**Aufsatzfenster über Blendrahmen Herausnehmen der alten Flügel und Beschläge, Einbau des neuen Fensters über dem alten Blendrahmen, incl. Verglasung, Beschlägen und dauerelastischer Fugenabdichtung**					
		01	einflügelig, Größe bis 0,50 m²	**	901	m²	**1860,00**	1609,00 2065,00
		02	einflügelig, Größe 0,50 – 1,00 m²	**	901	m²	**1180,00**	1020,00 1306,00
		03	einflügelig, Größe 1,00 – 1,75 m²	**	901	m²	**790,00**	689,00 888,00
		11	mehrflügelig, Größe 1,00 – 1,75 m²	**	901	m²	**990,00**	873,00 1112,00
		12	mehrflügelig, Größe 1,75 – 2,50 m²	**	901	m²	**800,00**	712,00 897,00
		13	mehrflügelig, Größe über 2,50 m²	**	901	m²	**900,00**	779,00 983,00
		24	Glasal-Füllung (Brüstungsbereich)	**	901	m²	**1580,00**	1283,00 1740,00

Preisstand I/95 Index 221,8 (1976 = 100)

DIN 276	AK	AA	Bauteiltext	Lohn-anteil	LB-Nr.	Ein-heit	Preis DM	Preisspanne DM
334 *31312*	32		**Kellerfenster, incl. Ausbau des alten Fensters und Schuttabfuhr, Einfach-verglasung, Beschlägen, Beiputz und Oberflächenbehandlung**					
		01	Stahl, Größe bis 0,3 m²	**	901	St	**430,00**	345,00 516,00
		02	Stahl, Größe 0,3 – 0,5 m²	**	901	St	**485,00**	377,00 583,00
		03	Stahl, Größe 0,5 – 1,0 m²	**	901	St	**530,00**	413,00 627,00
		11	Stahl, Normfenster 0,50 x 0,50 m	**	901	St	**210,00**	176,00 246,00
		12	Stahl, Normfenster 1,00 x 0,50 m	**	901	St	**260,00**	213,00 321,00
		21	Kunststoff, Größe bis 0,3 m²	**	901	St	**430,00**	300,00 540,00
		22	Kunststoff, Größe 0,3 – 0,5 m²	**	901	St	**485,00**	351,00 626,00
		23	Kunststoff, Größe 0,5 – 1,0 m²	**	901	St	**530,00**	373,00 639,00
	33		**Feststehende Verglasung, incl. Rahmenkonstruktion, Befesti-gungen, Randanschlüssen, dauer-elastischer Fugenabdichtung und Glasfalzversiegelung**					
		01	Sicherheitsglas, Größe bis 1 m²	**	901	m²	**560,00**	451,00 668,00
		02	Sicherheitsglas, Größe 1 – 2 m²	**	901	m²	**440,00**	352,00 510,00
		03	Sicherheitsglas, Größe über 2 m²	**	901	m²	**460,00**	386,00 583,00
		11	Wärmeschutzglas / Dickglas, Größe bis 1 m²	**	901	m²	**340,00**	283,00 423,00
		12	Wärmeschutzglas / Dickglas, Größe 1 – 2 m²	**	901	m²	**295,00**	255,00 357,00
		13	Wärmeschutzglas / Dickglas, Größe über 2 m²	**	901	m²	**280,00**	235,00 315,00
		21	Glasal-Füllung (Brüstungsbereich)	**	901	m²	**1570,00**	1328,00 1790,00

Preisstand I/95 Index 221,8 (1976 = 100)

DIN 276	AK	AA	Bauteiltext	Lohn-anteil	LB-Nr.	Ein-heit	Preis DM	Preisspanne DM
334 *31312*	35		**Außenfensterbänke, incl. Ausbau der alten Fensterbänke und Schuttabfuhr, notwendiger Vorarbeiten, Beiputz, Untermörtelung und dauerelastischer Fugenabdichtung**					
		01	Zink, B < 15 cm	***	022	m	**67,00**	57,00 76,00
		02	Zink, B = 15–30 cm	***	022	m	**96,00**	85,00 107,00
		11	Aluminium, B < 15 cm	**	031	m	**99,00**	85,00 111,00
		12	Aluminium, B = 15–30 cm	**	031	m	**130,00**	111,00 142,00
		21	Faserzement, B < 15 cm	**	024	m	**51,00**	53,00 76,00
		22	Faserzement, = B 15–30 cm	**	024	m	**97,00**	85,00 107,00
		31	Keramik-Plattenbelag, B < 15 cm	***	024	m	**58,00**	51,00 67,00
		32	Keramik-Plattenbelag, B = 15–30 cm	***	024	m	**100,00**	93,00 116,00
		41	Naturstein, B < 15 cm	**	014	m	**90,00**	78,00 99,00
		42	Naturstein, B 15–30 cm	**	014	m	**135,00**	113,00 149,00
		45	Rollschicht-Ziegel, 25 cm	***	012	m	**120,00**	103,00 147,00

Preisstand I/95 Index 221,8 (1976 = 100)

DIN 276	AK	AA	Bauteiltext	Lohn-anteil	LB-Nr.	Ein-heit	Preis DM	Preisspanne DM
334	36		**Innenfensterbänke, incl. Ausbau der alten Fensterbänke und Schuttabfuhr, notwendiger Vorarbeiten, Beiputz, Untermörtelung, Oberflächenbehandlung und dauerelastischer Fugenabdichtung**					
31312		01	Holz, B < 15 cm	**	027	m	**50,00**	43,00 57,00
		02	Holz, B = 15 – 30 cm	**	027	m	**79,00**	71,00 85,00
		03	Holz, B = 30 – 50 cm	**	027	m	**125,00**	107,00 135,00
		11	Spanplatte / Kunststoff, B < 15 cm	**	027	m	**43,00**	40,00 51,00
		12	Spanplatte / Kunststoff, B = 15 – 30 cm	**	027	m	**73,00**	63,00 78,00
		13	Spanplatte / Kunststoff, B = 30 – 50 cm	**	027	m	**120,00**	106,00 129,00
		21	Plattenbelag, B < 15 cm	***	024	m	**50,00**	43,00 57,00
		22	Plattenbelag, B = 15 – 30 cm	***	024	m	**91,00**	78,00 98,00
		23	Plattenbelag, B = 30 – 50 cm	***	024	m	**150,00**	128,00 165,00
		31	Naturstein, B < 15 cm	**	014	m	**55,00**	47,00 63,00
		32	Naturstein, B = 15 – 30 cm	**	014	m	**110,00**	100,00 129,00
		33	Naturstein, B = 30 – 50 cm	**	014	m	**185,00**	157,00 207,00
	41		**Hauseingangstüren Größe 2,0 – 3,0 m², incl. Ausbau alte Tür und Schuttabfuhr, Beschläge, Beiputz, Oberflächenbehandlung und dauerelastischer Fugenabdichtung**					
31313		01	Holz/Kunststoff, einfache Ausführung	**	902	St	**2750,00**	2373,00 3009,00
		02	Holz/Kunststoff, gehobene Ausführg.	**	902	St	**4100,00**	3562,00 4691,00
		11	Alu/Stahl, einfache Ausführung	**	902	St	**2900,00**	2386,00 3622,00
		12	Alu/Stahl, gehobene Ausführung	**	902	St	**4400,00**	3613,00 5273,00
		21	zweigeteilte Tür, Holz, einfach	**	902	St	**6100,00**	5330,00 6987,00
		22	zweigeteilte Tür, Holz, gehoben	**	902	St	**9200,00**	8443,00 10555,00

Preisstand I/95 Index 221,8 (1976 = 100)

DIN 276	AK	AA	Bauteiltext	Lohn-anteil	LB-Nr.	Ein-heit	Preis DM	Preisspanne DM
334 *31313*	42		**Hauseingangstüranlagen Größe 3,0 – 5,0 m², mit integrierter Hauseingangstür und Isolierverglasung der feststehenden Teile, incl. Ausbau alte Tür und Schuttabfuhr, Beschlägen, Beiputz, Oberflächenbehandlung und dauerelastischer Fugenabdichtung**					
		01	Holz/Kunststoff, einfache Ausführung	**	902	St	**5300,00**	4395,00 6161,00
		02	Holz-/Kunststoff, gehob. Ausführung	**	902	St	**7450,00**	6438,00 8551,00
		11	Alu/Stahl, einfache Ausführung	**	902	St	**5700,00**	4788,00 6557,00
		12	Alu/Stahl, gehobene Ausführung	**	902	St	**8300,00**	7147,00 9566,00
		21	Alu/Stahl, Automatik-Türanlagen	**	902	St	**12650,00**	10368,00 14510,00
	43		**Kelleraußentüren/Hoftüren Größe ca. 2,0 m², incl. Ausbau alte Tür und Schuttabfuhr, Sicherheitsschloß, Beiputz und Oberflächenbehandlung**					
		01	Holz/Kunststoff, einfache Ausführung	**	902	St	**1430,00**	1140,00 1690,00
		02	Holz/Kunststoff, gehobene Ausführg.	**	902	St	**2200,00**	1875,00 2486,00
		11	Stahl, einfache Ausführung	**	902	St	**880,00**	713,00 1053,00
		12	Stahl, gehobene Ausführung	**	902	St	**1300,00**	998,00 1567,00
	44		**Außentore als Rahmenkonstruktion mit Dreh- oder Schwingflügeln bzw. Schiebe- oder Rolltoren, incl. Ausbau alter Tore und Schuttabfuhr, Beschlägen, Beiputz, Oberflächenbehandlung und dauerelastischer Fugenabdichtung**					
		01	Holztore, Größe 4 – 6 m²	**	902	St	**6400,00**	5372,00 7560,00
		02	Holztore, Größe 6 – 9 m²	**	902	St	**9550,00**	8013,00 1149,00
		11	Stahltore, Größe 4 – 6 m²	**	902	St	**5250,00**	4278,00 6092,00
		12	Stahltore, Größe 6 – 9 m²	**	902	St	**7700,00**	6505,00 8896,00
		21	Garagen-Normtore, Holz, bis 4,5 m²	*	902	St	**2550,00**	2138,00 3119,00
		22	Garagen-Normtore, Stahl, bis 4,5 m²	*	902	St	**2000,00**	1575,00 2423,00
		31	Elektroantrieb für Tore	*	902	St	**990,00**	855,00 1425,00

Preisstand I/95 Index 221,8 (1976 = 100)

DIN 276	AK	AA	Bauteiltext	Lohn-anteil	LB-Nr.	Ein-heit	Preis DM	Preisspanne DM
334 *31313*	45		**Fenstertüren Größe bis 2,5 m², als 2. Tür innen hinter vorh. Tür in die Leibung gesetzt, incl. Schuttabfuhr, notwendiger Vorarbeiten, Beschlägen, Beiputz, Oberflächenbehandlung, Verglasung, dauerelastischer Fugenabdichtung**					
		01	Holzfenstertüren	**	901	m²	**590,00**	529,00 663,00
		02	Kunststoff-Fenstertüren	**	901	m²	**610,00**	535,00 713,00
	46		**Fenstertüren, Wärmeschutzverglasung Größe bis 2,5 m², incl. Ausbau der alten Türe und Schuttabfuhr, Verglasung, Beschlägen, Beiputz, Oberflächenbehandlung und dauerelastischer Fugenabdichtung**					
		01	Holzfenstertüren	**	901	m²	**740,00**	679,00 841,00
		02	Kunststoff-Fenstertüren	**	901	m²	**800,00**	750,00 867,00
		11	Alu-Fenstertüren	**	901	m²	**1180,00**	1012,00 1365,00
		21	Aufsatztüren über Blendrahmen	**	901	m²	**770,00**	596,00 907,00
	47		**Sprossenfenstertüren, Wärmeschutzverglasung Größe bis 2,5 m², in denkmalgerechter Ausführung hinsichtlich Teilung und Profilierung, incl. Ausbau der alten Türe und Schuttabfuhr, Verglasung, Beschlägen, Beiputz, Oberflächenbehandlung und dauerelastischer Fugenabdichtung**					
		01	Holzsprossenfenstertüren	**	901	m²	**900,00**	802,00 1009,00
		02	Holz-Verbund-Sprossenfenstertüren	**	901	m²	**1230,00**	1099,00 1366,00
		03	Kunststoff-Sprossenfenstertüren	**	901	m²	**930,00**	810,00 1036,00
		04	Kunstst.-Verbund-Sprossenfenstert.	**	901	m²	**1300,00**	1186,00 1453,00
		11	Aufsatztüren über Blendrahmen	**	901	m²	**1060,00**	833,00 1187,00

Preisstand I/95 Index 221,8 (1976 = 100)

DIN 276	AK	AA	Bauteiltext	Lohnanteil	LB-Nr.	Einheit	Preis DM	Preisspanne DM
334 *31312*	51		**Fenster in ihrer Wärmedämmung verbessern, incl. notwendige Vorarbeiten, Oberflächenbehandlung der Rahmen und Abdichtung der Fensterfugen**					
		01	Stufenverglasung, Größe bis 0,5 m²	**	032	m²	**510,00**	427,00 570,00
		02	Stufenverglasung, Gr. 0,5 – 1,0 m²	**	032	m²	**410,00**	350,00 472,00
		03	Stufenverglasung Sonderzuschnitte	**	032	m²	**590,00**	499,00 649,00
		11	Flügel aufdoppeln, Größe bis 0,5 m²	***	027	m²	**580,00**	485,00 656,00
		12	Flügel aufdoppeln, Größe 0,5 – 1 m²	***	027	m²	**465,00**	369,00 528,00
		13	Flügel aufdoppeln, Sonderzuschnitte	***	027	m²	**650,00**	541,00 743,00
		21	2. Glasscheibe, Größe bis 0,5 m²	***	032	m²	**235,00**	210,00 319,00
		22	2. Glasscheibe, Größe 0,5 – 1,0 m²	***	032	m²	**215,00**	203,00 307,00
		23	2. Glasscheibe, Sonderzuschnitte	***	032	m²	**280,00**	235,00 343,00
		31	Plexiglasplatte Doppelsteg als Vorsatz	***	032	m²	**220,00**	187,00 240,00
	52		**Fenster instandsetzen, incl. notwendiger Vorarbeiten, Abdeckungen und Schutzmaßnahmen**					
		01	Fugenabdichtung, einflügelig	****	027	m²	**28,00**	23,00 36,00
		02	Fugenabdichtung, mehrflügelig	****	027	m²	**58,00**	50,00 63,00
		11	Kittfalz / Versiegelung erneuern	****	032	m²	**28,00**	21,00 36,00
		21	Einfachvergl. erneuern	***	032	m²	**170,00**	135,00 202,00
		31	Rahmen überarbeiten, einflügl., Holz	****	027	m²	**280,00**	226,00 441,00
		32	Rahmen überarb., mehrflügl., Holz	****	027	m²	**305,00**	233,00 487,00
		33	Rahmen überarb., einflügelig, Stahl	****	031	m²	**365,00**	293,00 437,00
		34	Rahmen überarb., mehrflügelig, Stahl	****	031	m²	**410,00**	363,00 667,00
		35	Beschläge durchreparieren	****	029	m²	**100,00**	71,00 142,00
		41	Anstrich beidseitig, einfl.	****	034	m²	**76,00**	67,00 87,00
		42	Anstrich beidseitig, mehrfl.	****	034	m²	**88,00**	76,00 109,00
		43	Anstrich beidseitig, Sprosseneint.	****	034	m²	**99,00**	86,00 122,00

Preisstand I/95 Index 221,8 (1976 = 100)

DIN 276	AK	AA	Bauteiltext	Lohn-anteil	LB-Nr.	Ein-heit	Preis DM	Preisspanne DM
334 *31312*	54		**Natursteingewände erneuern durch Ausbau der schadhaften Teile, Einbau neuer materialgleicher Steine in kraftschlüssiger Verbindung, Abstützung und Beimauern, incl. notwendiger Vorarbeiten**					
		01	Sturz scharriert	***	014	m	**1020,00**	753,00 1128,00
		02	Sturz mit Profilierung	***	014	m	**1340,00**	1165,00 1473,00
		11	Seitengewände scharriert	***	014	m	**980,00**	725,00 1096,00
		12	Seitengewände mit Profilierung	***	014	m	**1290,00**	1122,00 1525,00
		21	Sohlbank scharriert	***	014	m	**1030,00**	661,00 1152,00
		22	Sohlbank mit Profilierung	***	014	m	**1380,00**	1197,00 1655,00
	55		**Natursteingewände instandsetzen durch Einpassen von Vierungen in vorhandene Kalk-/Sandsteingewände, incl. notwendiger Vorarbeiten**					
		01	gerade, ohne Profilierung, 30x10x5 cm	****	014	St	**530,00**	378,00 678,00
		02	gerade, wenig Profilierung, 30x10x5 cm	****	014	St	**720,00**	499,00 907,00
		03	gerade, reiche Profilierung, 30x10x5 cm	****	014	St	**1070,00**	757,00 1311,00
		11	Vierungsecke, ohne Profilierung	****	014	St	**640,00**	451,00 798,00
		12	Vierungsecke, mit Profilierung	****	014	St	**1110,00**	773,00 1370,00
	56		**Natursteingewände nacharbeiten aus Kalk-/Sandstein, Abwicklung ca. 50 cm, incl. notwendiger Vorarbeiten**					
		01	Reinigen der Oberfläche	****	014	m	**43,00**	36,00 48,00
		02	Nachscharrieren der Oberfläche	****	014	m	**205,00**	142,00 250,00
		03	Ausbessern und Beiarbeiten	****	014	m	**55,00**	43,00 65,00

Preisstand I/95 Index 221,8 (1976 = 100)

DIN 276	AK	AA	Bauteiltext	Lohnanteil	LB-Nr.	Einheit	Preis DM	Preisspanne DM
334	59		**Stuck-Fensterumrahmungen erneuern Entfernen der vorh. Stuckreste, Stuckgesimse nach Befund in witterungsbeständiger Ausführung herstellen, incl. Schablonen und notw. Vorarbeiten**					
31312		01	einfache Profilierung	***	023	m	**170,00**	118,00 207,00
		02	aufwendige Profilierung	***	023	m	**205,00**	162,00 249,00
		11	Gesimsbekrönung	***	023	m	**920,00**	663,00 1003,00
	60		**Fensterumrahmungen instandsetzen, incl. innenseitiger Vorarbeiten, Reparatur geschädigter Bauteile, Verfestigung, Beimauern, Beiputz und Anstrich**					
31312		01	einfache Profilierung	****	023	m	**76,00**	3,00 93,00
		02	aufwendige Profilierung	****	023	m	**92,00**	66,00 106,00
		11	Gesimsbekrönungen	****	023	m	**225,00**	192,00 243,00
	75		**Hauseingangstüren instandsetzen Größe bis 2,5 m², incl. notwendiger Vorarbeiten und Abdeckungen**					
31313		01	Anstrich beidseitig	****	034	St	**165,00**	127,00 193,00
		02	Abbeizen, lasierende Behandlung	****	034	St	**400,00**	323,00 472,00
		11	Türblatt, Zarge überarbeiten	****	027	St	**365,00**	295,00 425,00
		12	Türe vollständig aufarbeiten	****	027	St	**690,00**	532,00 863,00
		21	Beschläge, Schloß überarbeiten	****	029	St	**140,00**	107,00 178,00
		22	Sicherheitsschlösser einbauen	**	029	St	**175,00**	142,00 213,00
		23	Drückergarnituren erneuern	**	029	St	**220,00**	142,00 268,00
		31	Gummidichtung einbauen, umlaufend	****	027	St	**220,00**	142,00 282,00
		32	Briefkastenschlitz einbauen	****	029	St	**220,00**	172,00 282,00
		35	Füllung verglasen einschl. Eisengitter	**	032	St	**1080,00**	839,00 1386,00

Preisstand I/95 Index 221,8 (1976 = 100)

DIN 276	AK	AA	Bauteiltext	Lohn-anteil	LB-Nr.	Ein-heit	Preis DM	Preisspanne DM
334 *31313*	76		**Hauseingangstüranlagen instandsetzen Schlösser und Beschläge gangbar machen, Fugen abdichten, beidseitiger Anstrich, incl. notwendiger Vorarbeiten und Abdeckungen**					
		01	Holz/Kunststoff, Größe 3 – 4 m²	****	027	St	**1060,00**	743,00 1315,00
		02	Holz/Kunststoff, Größe 4 – 6 m²	****	027	St	**1560,00**	1113,00 1949,00
		11	Metall, Größe 3 – 4 m²	****	031	St	**860,00**	692,00 1026,00
		12	Metall, Größe 4 – 6 m²	****	031	St	**1280,00**	1031,00 1539,00
	81		**Kelleraußentüren instandsetzen Größe ca. 2,00 m², incl. notwendiger Vorarbeiten und Abdeckungen**					
		01	Schlösser durchreparieren	****	029	St	**145,00**	100,00 186,00
		02	Fugen abdichten, evt. nachhobeln	****	027	St	**145,00**	100,00 186,00
		03	Sicherheitsschlösser einbauen	**	029	St	**175,00**	142,00 213,00
		04	Drückergarnituren erneuern	**	029	St	**145,00**	100,00 186,00
		11	Anstrich, beidseitig	****	034	St	**145,00**	100,00 186,00
	82		**Außentore instandsetzen Rahmenkonstruktion mit Schwing- oder Drehflügeln bzw. Schiebe- oder Rolltoren, incl. notwendiger Vorarbeiten**					
		01	Schlösser durchreparieren	****	029	St	**140,00**	101,00 186,00
		02	Sicherheitsschlösser einbauen	**	029	St	**175,00**	142,00 227,00
		03	Drückergarnituren erneuern	**	029	St	**175,00**	142,00 227,00
		04	Beschläge durchreparieren	****	029	St	**215,00**	169,00 256,00
		05	Tore vollständig aufarbeiten	****	027	St	**720,00**	570,00 855,00
		11	Anstrich, beidseitig, Größe 5 – 6 m²	****	034	St	**330,00**	150,00 369,00
		12	Anstrich, beidseitig, Größe 6 – 9 m²	****	034	St	**460,00**	410,00 515,00

Preisstand I/95 Index 221,8 (1976 = 100)

DIN 276	AK	AA	Bauteiltext	Lohn-anteil	LB-Nr.	Ein-heit	Preis DM	Preisspanne DM
334 *31313*	91		**Fenstertüren verbessern Größe bis 2,5 m², incl. Abdichten der Fugen, Oberflächenbehandlung und notwendiger Vorarbeiten**					
		01	Stufenverglasung mit Isolierglas	**	032	m²	**405,00**	333,00 469,00
		02	2. Glasscheibe innen aufbringen	***	032	m²	**220,00**	187,00 299,00
		11	Flügel aufdoppeln, Einfachglas	***	027	m²	**480,00**	357,00 540,00
	92		**Fenstertüren instandsetzen Größe bis 2,5 m², incl. notwendiger Vorarbeiten**					
		01	Fugenabdichtungen	****	027	m²	**28,00**	21,00 51,00
		02	Kittfalz / Versiegelung erneuern	****	032	m²	**28,00**	21,00 51,00
		11	Beschläge durchreparieren	****	029	m²	**100,00**	96,00 186,00
		21	Anstrich, beids., Normalfenstertür	****	034	m²	**76,00**	69,00 119,00
		22	Anstrich, beids., Sprossenfenstertür	****	034	m²	**99,00**	96,00 130,00

Preisstand I/95 Index 221,8 (1976 = 100)

DIN 276	AK	AA	Bauteiltext	Lohn-anteil	LB-Nr.	Ein-heit	Preis DM	Preisspanne DM
335 *31314*	01		**Sichtverfugung von Mauerwerk, incl. Auskratzen der Fugen min. 3 cm tief, incl. evtuell erforderlicher dauerelastischer Verfugung**					
		01	Ziegelmauerwerk	***	906	m²	**78,00**	67,00 91,00
		02	Bruchsteinmauerwerk	***	906	m²	**91,00**	80,00 99,00
		03	hammerrechtes Natursteinmauerwk.	***	906	m²	**78,00**	67,00 91,00
		04	Fachwerk, ausgemauerte Felder	***	906	m²	**85,50**	73,00 98,00
	11		**Vormauerungen, incl. notwendiger Vorarbeiten, Herrichten eines Sockelauflagers, Verankerungen Randanschlüsse, Verfugung und dauerelastischer Fugenabdichtung**					
		01	Verbundschale, Sparverblender	**	012	m²	**275,00**	235,00 303,00
		02	Verbundschale, Klinker	**	012	m²	**285,00**	242,00 337,00
		03	Verbundschale, Feldbrandsteine	**	012	m²	**295,00**	247,00 350,00
		11	Klinker, Luftschicht, Dämmung	**	012	m²	**340,00**	293,00 380,00
		12	KS-Verblender, Luftschicht, Dämmung	**	012	m²	**320,00**	283,00 363,00
		13	Feldbrandst., Luftschicht, Dämmung	**	012	m²	**355,00**	305,00 403,00

Preisstand I/95 Index 221,8 (1976 = 100)

DIN 276	AK	AA	Bauteiltext	Lohn-anteil	LB-Nr.	Ein-heit	Preis DM	Preisspanne DM
335 *31314*	21		**Putze auf altem Untergrund aufbringen, incl. notwendiger Vorarbeiten, wie Reinigen mit Heißdampf, Fugen Auskratzen, Vorschlämmen und Spritzbewurf**					
		01	Lehmputz, auf Mauerwerk (2-lagig)	***	023	m²	**80,00**	69,00 93,00
		02	Kalkputz, auf Mauerwerk	***	023	m²	**63,00**	55,00 75,00
		03	Kalkzementputz, auf Mauerwerk	***	023	m²	**57,00**	52,00 69,00
		04	Edelputz, auf Mauerwerk	***	023	m²	**68,00**	56,00 77,00
		05	Kunstharzputz, auf Mauerwerk	***	023	m²	**61,00**	49,00 92,00
		11	Lehmputz, Altputz abschlagen	***	023	m²	**105,00**	88,00 111,00
		12	Kalkputz, Altputz abschlagen	***	023	m²	**86,00**	73,00 97,00
		13	Kalkzementputz, Altputz abschlagen	***	023	m²	**80,00**	70,00 90,00
		14	Edelputz, Altputz abschlagen	***	023	m²	**92,00**	80,00 100,00
		15	Kunstharzputz, Altputz abschlagen	***	023	m²	**83,00**	73,00 93,00
		21	Putzausbesserungen, Flächen bis 5 m²	***	023	m²	**83,00**	75,00 98,00
		22	Überziehen Altputz mit Kalkz.putz	***	023	m²	**48,00**	39,00 59,00
		23	Überziehen Altputz mit Kunstharzp.	***	023	m²	**40,00**	31,00 48,00
		25	Kalkschlämme	****	023	m²	**28,00**	18,00 33,00
	22		**Putze auf neuem Untergrund aufbringen, incl. notwendiger Vorarbeiten wie Vorschlämmen, Spritzbewurf u. a.**					
		01	Lehmputz, Glattstrich	***	023	m²	**72,00**	62,00 80,00
		02	Kalkputz, Glattstrich	***	023	m²	**57,00**	48,00 71,00
		03	Kalkzementputz, Glattstrich	***	023	m²	**40,00**	33,00 52,00
		11	Edelputz, Oberflächenstruktur	***	023	m²	**55,00**	47,00 68,00
		21	Kunstharzputz, durchgefärbt	***	023	m²	**43,00**	35,00 56,00
		25	Kalkschlämme	****	023	m²	**25,00**	18,00 33,00

Preisstand I/95 Index 221,8 (1976 = 100)

DIN 276	AK	AA	Bauteiltext	Lohn-anteil	LB-Nr.	Ein-heit	Preis DM	Preisspanne DM
335 *31314*	23		**Putz, Fachwerkwände anbringen auf Ausfachungen, incl. notwendiger Vorarbeiten wie Reinigen, Fugen Auskratzen, Vorschlämmen und Spritzbewurf**					
		01	Lehmputz	***	023	m²	**80,00**	70,00 91,00
		02	Kalkputz	***	023	m²	**67,00**	56,00 77,00
		03	Kalkzementputz	***	023	m²	**59,00**	47,00 72,00
		25	Kalkschlämme	****	023	m²	**31,00**	21,00 36,00
	31		**Anstriche und Beschichtungen auf verschiedenen Untergründen, incl. notwendiger Vorarbeiten wie Reinigung, Abdeckung, Überspannen kleinerer Risse**					
		01	einfach, auf Neuputz/Ziegeln	****	034	m²	**23,00**	18,00 26,00
		02	einfach, auf Altputz, ungestrichen	****	034	m²	**27,00**	21,00 29,00
		03	einfach, auf Altputz, gestrichen	****	034	m²	**31,00**	22,00 35,00
		04	einfach, auf Ziegeln, gestrichen	****	034	m²	**31,00**	27,00 35,00
		11	mittel, auf Neuputz/Ziegeln	****	034	m²	**28,00**	25,00 35,00
		12	mittel, auf Altputz, ungestrichen	****	034	m²	**32,00**	27,00 38,00
		13	mittel, auf Altputz, gestrichen	****	034	m²	**37,00**	31,00 43,00
		14	mittel, auf Ziegeln, gestrichen	****	034	m²	**37,00**	32,00 43,00
		21	gut, auf Neuputz/Ziegeln	****	034	m²	**36,00**	29,00 43,00
		22	gut, auf Altputz, ungestrichen	****	034	m²	**41,00**	31,00 50,00
		23	gut, auf Altputz, gestrichen	****	034	m²	**48,00**	38,00 70,00
		24	gut, auf Ziegeln, gestrichen	****	034	m²	**46,00**	36,00 53,00
		25	auf Fachwerk, Holz- und Putzflächen	****	034	m²	**50,00**	38,00 58,00
		41	Lasur auf Holz	****	034	m²	**32,00**	27,00 38,00
		42	Lack auf Holz	****	034	m²	**36,00**	29,00 48,00

Preisstand I/95 Index 221,8 (1976 = 100)

DIN 276	AK	AA	Bauteiltext	Lohn-anteil	LB-Nr.	Ein-heit	Preis DM	Preisspanne DM
335 *31314*	41		**Bekleidungen aus Naturstein oder Ziegel, incl. der erforderlichen Unterkonstruktionen und Verankerungen, Randabschlußprofilen, Wärmedämmung und dauerelastischer Fugenabdichtung**					
		01	Schieferplatten, Einfachdeckung	**	020	m^2	**360,00**	271,00 426,00
		02	Schieferplatten, Doppeldeckung	**	020	m^2	**420,00**	328,00 513,00
		11	Sandsteinplatten	**	014	m^2	**550,00**	471,00 673,00
		12	Kalksteinplatten	**	014	m^2	**670,00**	539,00 808,00
		21	Ziegelplatten	**	020	m^2	**285,00**	212,00 358,00
	42		**Fliesen-/Plattenbekleidungen, incl. notwendiger Vorarbeiten, Verfugung, Randabschlüssen und dauerelastischer Fugenabdichtung**					
		01	auf Mauerwerk, Kleinformate	***	024	m^2	**215,00**	192,00 241,00
		02	auf Mauerwerk, Großformate	***	024	m^2	**245,00**	216,00 269,00
		11	auf Altputz, Kleinformate	***	024	m^2	**245,00**	229,00 255,00
		12	auf Altputz, Großformate	***	024	m^2	**275,00**	238,00 293,00
	43		**Faserzementplatten-Bekleidungen, incl. erforderlicher Unterkonstruktion, Wärmedämmung, Randabschlußprofilen und dauerelastischer Fugenabdichtung**					
		01	Kleinformate, Einfachdeckung	**	020	m^2	**170,00**	150,00 183,00
		02	Kleinformate, Doppeldeckung	**	020	m^2	**180,00**	165,00 195,00
		11	großformatige Platten	**	020	m^2	**205,00**	186,00 222,00
		12	großformatige Platten, farbig	**	020	m^2	**260,00**	202,00 321,00

Preisstand I/95 Index 221,8 (1976 = 100)

DIN 276	AK	AA	Bauteiltext	Lohn-anteil	LB-Nr.	Ein-heit	Preis DM	Preisspanne DM
335 *31314*	44		**Metallbekleidungen, incl. erforderlicher Unterkonstruktionen, Wärmedämmung, Randabschlußprofilen und dauerelastischer Fugenabdichtung**					
		01	Aluminium, eloxiert	**	031	m^2	**385,00**	337,00 436,00
		02	Aluminium, farbig einbrennlackiert	**	031	m^2	**340,00**	299,00 385,00
		11	Stahlblech, einbrennlackiert	**	031	m^2	**255,00**	228,00 306,00
		21	Kupferblech	**	020	m^2	**400,00**	313,00 483,00
		31	Zinkblech	**	020	m^2	**275,00**	228,00 313,00
	45		**Holzbekleidungen, incl. erforderlicher Unterkonstruktionen, Wärmedämmung, Randabschlußprofilen und dauerelastischer Fugenabdichtung**					
		01	Schindeln, Doppeldeckung	***	027	m^2	**390,00**	303,00 510,00
		11	Brettschalung, Anstrich/offenp. Lasur	**	027	m^2	**205,00**	168,00 236,00
	46		**Wärmedämmverbundsystem, incl. notwendiger Vorarbeiten, ca. 10 cm Wärmedämmung, armierten Kunstharz-/ Mineralputz, Randabschlußprofilen und dauerelastischer Fugenabdichtung**					
		01	PS-Hartschaum und Kunstharzputz	***	905	m^2	**140,00**	125,00 150,00
		02	PS-Hartschaum und Mineralputz	***	905	m^2	**150,00**	135,00 160,00
		11	Mineralfaser und Mineralputz	***	905	m^2	**170,00**	155,00 180,00
		21	PS-Hartschaum – Schienensystem	***	905	m^2	**180,00**	165,00 190,00
	51		**Wand reinigen, incl. notwendiger Vorarbeiten**					
		01	Abwaschen	****	034	m^2	**11,00**	8,00 15,00
		02	Mauerwerk reinigen, bürsten	****	034	m^2	**9,00**	7,00 13,00
		10	Hochdruckreinigen	****	034	m^2	**21,00**	13,00 26,00
		11	Dampfstrahlen	****	034	m^2	**16,00**	13,00 19,00
		12	Sandstrahlen / Naßstrahlen	****	034	m^2	**27,00**	22,00 29,00
		20	Putz abschlagen	***	034	m^2	**25,00**	16,00 29,00

Preisstand I/95 Index 221,8 (1976 = 100)

DIN 276	AK	AA	Bauteiltext	Lohn-anteil	LB-Nr.	Ein-heit	Preis DM	Preisspanne DM
335 *31314*	52		**Wand imprägnieren / fluatieren zur Hydrophobierung und Verfestigung von Wandoberflächen, mehrmalige Anwendung bis zur Sättigung des Mauerwerks, incl. notwendiger Vorarbeiten und nachträglicher Wasseraufnahmeprüfung**					
		01	Imprägnierung durch Anstrich	****	034	m²	**17,00**	13,00 21,00
		11	Imprägnierung im Gießverfahren	****	034	m²	**25,00**	20,00 31,00
	53		**Sanierung von Rissen in Wänden durch Auskappen der Rißflanken, Staubfrei-Blasen, Grundieren, Einbringen der Fugenmasse und Überspannen**					
		01	Oberflächenrisse, B 3 – 5 mm	****	906	m	**22,00**	20,00 26,00
		02	Oberflächenrisse, B 5 – 10 mm	****	906	m	**30,00**	25,00 33,00
		11	durchgehende Risse, B 3 – 5 mm	****	906	m	**30,00**	25,00 33,00
		12	durchgehende Risse, B 5 – 10 mm	****	906	m	**35,00**	30,00 39,00
		13	durchgehende Risse, B 10 – 20 mm	****	906	m	**41,00**	35,00 47,00
		14	durchgehende Risse, B 20 – 30 mm	****	906	m	**48,00**	39,00 59,00
		21	Risse zusätzlich verpressen	****	906	m	**67,00**	56,00 76,00
	54		**Fassadenstuck instandsetzen als Zementstuck durch Ergänzen beschädigter Teile, Erneuerung von Teilflächen, incl. notwendiger Vorarbeiten**					
		01	geringe Beschäd., einfacher Stuck	****	906	m²	**33,00**	28,00 43,00
		02	größere Beschäd., einfacher Stuck	****	906	m²	**57,00**	47,00 65,00
		11	geringe Beschäd., aufwendiger Stuck	****	906	m²	**68,00**	59,00 79,00
		12	größere Beschäd., aufwendiger Stuck	****	906	m²	**135,00**	109,00 165,00

Preisstand I/95 Index 221,8 (1976 = 100)

DIN 276	AK	AA	Bauteiltext	Lohn-anteil	LB-Nr.	Ein-heit	Preis DM	Preisspanne DM
335 *31314*	55		**Fassadenstuck rekonstruieren als Zementstuck nach Befund in witterungsbeständiger Ausführung, incl. Herstellung von Schablonen und Befestigungen**					
		01	einfache Flächendekors	***	906	m²	**135,00**	118,00 162,00
		02	aufwendige Flächendekors	***	906	m²	**215,00**	193,00 240,00
		10	einfache Flächen- und Einzeldekors	***	906	m²	**250,00**	230,00 283,00
		11	aufw. Flächen- und Einzeldekors	***	906	m²	**415,00**	379,00 485,00
	61		**Besondere Konstruktionslösungen aufgrund bestimmter Bedingungen im Mauerwerk, wie Schwammbefall, Versalzung usw., incl. Vorarbeiten, Schutzvorkehrungen und Schuttabfuhr**					
		01	Putz abschlagen u. Fugen auskratzen	***	906	m²	**36,00**	29,00 43,00
		11	chem. Salzbehandlung	****	906	m²	**35,00**	28,00 53,00
		12	chem. Schwammbehandlung	****	906	m²	**22,00**	17,00 33,00
		13	Injektion Schwammbehandlung	****	906	m²	**180,00**	155,00 207,00
		21	Sanierputz aufbringen	***	906	m²	**91,00**	67,00 103,00
		22	Sperrputz aufbringen	***	906	m²	**58,00**	47,00 68,00
	71		**Sanierung von Fugen zwischen Betonfertigteilen bzw. Platten und Großtafeln; Vorarbeiten, Untergrundbehandlung, Fugensanierung**					
		01	vorh. Fugenmasse entfernen, neue Fugenfüllung	****	904	m	**50,00**	45,00 60,00
		11	Fugenbänder aufbringen	****	904	m	**60,00**	50,00 75,00

Preisstand I/95 Index 221,8 (1976 = 100)

DIN 276	AK	AA	Bauteiltext	Lohn-anteil	LB-Nr.	Ein-heit	Preis DM	Preisspanne DM
336 *31315*	01		**Vorsatzschalen aus Gipswerkstoffplatten, Lehm oder Gasbeton, incl. notwendiger Vorarbeiten, Randanschlüsse, Stoßüberdeckungen und Spachtelungen**					
		01	Trockenputz auf Altputz	**	039	m²	**57,00**	50,00 63,00
		11	Verbundelement auf Altputz	**	039	m²	**67,00**	57,00 72,00
		12	Verbundelem. auf Schwingschienen	**	039	m²	**120,00**	107,00 136,00
		21	Ständerwand, Dämmung, Trockenputz	**	039	m²	**125,00**	108,00 136,00
		31	Leichtlehm incl. Schalung D = 10 cm	***	900	m²	**165,00**	152,00 178,00
		32	Leichtlehm im Spritzverf. D = 10 cm	****	900	m²	**125,00**	105,00 143,00
		33	Gasbeton D = 10 cm	**	012	m²	**120,00**	107,00 133,00
	02		**Holzbekleidungen, incl. notwendiger Vorarbeiten, Unterkonstruktionen, Imprägnierung, Randabschlüssen und Oberflächenbehandlung**					
		01	Profilbretter, Fichte	**	027	m²	**120,00**	108,00 136,00
		02	Profilbretter, gehobene Qualität	**	027	m²	**165,00**	156,00 197,00
		11	Vertäfelungen, einfache Qualität	***	027	m²	**175,00**	143,00 233,00
		12	Vertäfelungen, gehobene Qualität	***	027	m²	**320,00**	235,00 395,00

Preisstand I/95 Index 221,8 (1976 = 100)

Außenwände: Außenwandbekleidungen innen — Kostengruppe 336

DIN 276	AK	AA	Bauteiltext	Lohn-anteil	LB-Nr.	Ein-heit	Preis DM	Preisspanne DM
336 *31315*	11		**Putze auf verschiedenen Untergünden, incl. notwendiger Vorarbeiten, Streckmetallüberdeckungen und Glätten der Oberfläche**					
		01	auf Mauerwerk ebener Untergrund	***	023	m²	**33,00**	25,00 36,00
		02	auf Mauerwerk unebener Untergrund	***	023	m²	**43,00**	33,00 43,00
		05	auf Mauerwerk, Altputz abschlagen	***	023	m²	**56,00**	43,00 57,00
		06	Lehmputz auf Mauerwerk (2-lagig)	***	023	m²	**80,00**	69,00 88,00
		07	Lehmputz auf Mauerwerk, Altputz abschlagen	***	023	m²	**105,00**	91,00 111,00
		11	Ausbesserungen, Flächen bis 3,0 m²	***	023	m²	**63,00**	57,00 72,00
		12	Beiputz in kleinsten Flächen	***	023	m²	**80,00**	67,00 87,00
		21	nur Gipsglätte als Feinputz	***	023	m²	**21,00**	17,00 25,00
		35	Feinputz Marmormehl	***	023	m²	**83,00**	76,00 93,00
	21		**Anstriche und Beschichtungen, incl. notwendiger Vorarbeiten, Abdeckungen, Entfernen vorhandener Tapeten, Anstriche und Putzreparaturen**					
		01	Putzanstrich, einfache Qualität	****	034	m²	**11,00**	9,00 13,00
		02	Putzanstrich, gehobene Qualität	***	034	m²	**12,00**	10,00 13,00
		05	Kalkschlämme	****	034	m²	**25,00**	17,00 26,00
		06	Silikat-/Mineralfarbe	***	034	m²	**21,00**	13,00 26,00
		09	Ziegelanstrich, einfache Qualität	****	034	m²	**12,00**	10,00 13,00
		11	Anstrich auf Rauhfaser	***	034	m²	**8,00**	6,00 9,00
		21	deckender Anstrich von Holzteilen	****	034	m²	**23,00**	13,00 31,00
		22	lasierender Anstrich von Holzteilen	****	034	m²	**12,00**	12,00 21,00
		31	Buntsteinputz, Kunststoffrollputz	****	034	m²	**32,00**	19,00 38,00

Preisstand I/95 Index 221,8 (1976 = 100)

DIN 276	AK	AA	Bauteiltext	Lohn-anteil	LB-Nr.	Ein-heit	Preis DM	Preisspanne DM
336 *31315*	23		**Tapeten, incl. notwendiger Vorarbeiten, Abdeckungen, Entfernen vorhandener Tapeten und Anstriche, ohne Putzreparatur**					
		01	Rauhfaser mit Anstrich	****	037	m²	**17,00**	13,00 20,00
		02	Textil- / Grastapete	***	037	m²	**28,00**	23,00 33,00
		03	Korktapete	***	037	m²	**33,00**	23,00 37,00
		11	Tapete, Rollenpreis ca. 10 DM	****	037	m²	**13,00**	11,00 17,00
		12	Tapete, Rollenpreis ca. 15 DM	***	037	m²	**17,00**	15,00 18,00
		13	Tapete, Rollenpreis ca. 30 DM	***	037	m²	**22,00**	21,00 26,00
		21	Vinyltapete, Rollenpreis ca. 15 DM	****	037	m²	**17,00**	15,00 19,00
		22	Vinyltapete, Rollenpreis ca. 25 DM	***	037	m²	**22,00**	20,00 26,00
		23	Vinyltapete, Rollenpreis ca. 40 DM	***	037	m²	**31,00**	27,00 35,00
		31	Glasfasergewebe u. Anstrich	***	037	m²	**63,00**	60,00 76,00
	41		**Wandfliesen, incl. notwendiger Vorarbeiten, Verfugungen und dauerelastischer Fugenabdichtungen**					
		01	geklebt, Fliesenpreis ca. 20 DM/m²	***	024	m²	**165,00**	142,00 178,00
		02	geklebt, Fliesenpreis ca. 35 DM/m²	***	024	m²	**185,00**	163,00 200,00
		03	geklebt, Fliesenpreis ca. 50 DM/m²	***	024	m²	**210,00**	186,00 221,00
		11	Mörtelbett, Fliesenpr. ca. 20 DM/m²	***	024	m²	**175,00**	156,00 193,00
		12	Mörtelbett, Fliesenpr. ca. 35 DM/m²	***	024	m²	**205,00**	178,00 215,00
		13	Mörtelbett, Fliesenpr. ca. 50 DM/m²	***	024	m²	**215,00**	200,00 236,00
		21	Mörtelbett, 20 DM/m², Putz abschlag.	***	024	m²	**200,00**	179,00 215,00
		22	Mörtelbett, 35 DM/m², Putz abschlag.	***	024	m²	**220,00**	200,00 235,00
		23	Mörtelbett, 50 DM/m², Putz abschlag.	***	024	m²	**240,00**	221,00 257,00

Preisstand I/95 Index 221,8 (1976 = 100)

DIN 276	AK	AA	Bauteiltext	Lohn-anteil	LB-Nr.	Ein-heit	Preis DM	Preisspanne DM
336 *31315*	51		**Wandoberflächen instandsetzen, incl. aller notwendiger Vorarbeiten, Schuttabfuhr und Abdeckungen**					
		01	einlagige Tapeten abziehen	****	037	m²	**5,00**	3,00 6,00
		02	mehrlagige Tapeten abziehen	****	037	m²	**7,00**	6,00 8,00
		11	Sichtmauerwerk dampfstrahlen	****	034	m²	**18,00**	11,00 23,00
		12	Sichtmauerwerk sandstrahlen	****	034	m²	**32,00**	23,00 38,00
		21	Fliesen abschlagen	***	024	m²	**31,00**	27,00 33,00
		22	Putz abschlagen	***	023	m²	**25,00**	17,00 29,00
		31	Ölanstrich abbeizen	****	034	m²	**31,00**	23,00 36,00
	53		**Holzbekleidungen instandsetzen, incl. Aus- und Wiedereinbau, Reparatur geschädigter Unterkonstruktion, Hölzer und Verbindungen, Imprägnierung, Randanschlüsse und Oberflächenbehandlung**					
		01	Profilbretter, gehobene Qualität	***	027	m²	**205,00**	176,00 240,00
		11	Vertäfelungen, einfache Qualität	***	027	m²	**205,00**	158,00 283,00
		12	Vertäfelungen, gehobene Qualität	***	027	m²	**340,00**	262,00 422,00

Preisstand I/95 Index 221,8 (1976 = 100)

DIN 276	AK	AA	Bauteiltext	Lohn-anteil	LB-Nr.	Ein-heit	Preis DM	Preisspanne DM
338 *31316*	01		**Rolläden im Zusammenhang mit Fenster-erneuerungen, incl. Rolladen-kästen, Wickler, Welle, Führungen, Zugbänder, Panzer, Fugenabdich-tungen, Außenblenden und Beiputz**					
		01	Normalprofil, Handzug	**	030	m²	**225,00**	202,00 241,00
		02	Normalprofil, Untersetzung/Kurbel	**	030	m²	**280,00**	255,00 297,00
		03	Normalprofil, Elektroantrieb	**	030	m²	**375,00**	347,00 395,00
		21	Holzrolläden, Handzug	**	030	m²	**305,00**	280,00 323,00
		22	Holzrolläden, Untersetzung/Kurbel	**	030	m²	**365,00**	342,00 382,00
		23	Holzrolläden, Elektroantrieb	**	030	m²	**460,00**	433,00 473,00
	11		**Klapp- oder Schiebeläden, incl. Ausbau vorh. Läden und Schuttabfuhr, Dollen, Beschläge und Oberflächenbehandlung**					
		01	Klappladen	**	027	m²	**460,00**	410,00 520,00
		03	Schiebeladen	**	027	m²	**560,00**	497,00 617,00
		21	Zulage Innenbetätigung	**	027	m²	**86,00**	53,00 117,00
	21		**Markisen als feste oder bewegliche Konstruktion, Ausladung ca. 1,50 – 2,50 m, incl. Befesti-gungsvorrichtungen und Beiputz**					
		01	einfache Ausführung	*	030	m²	**670,00**	540,00 818,00
		02	gehobene Ausführung	*	030	m²	**1080,00**	946,00 1336,00
	31		**Sonnenschutzvorrichtungen, incl. Führungen, Zugvorrichtungen und Abdeckblenden**					
		01	Außenlamellen	*	030	m²	**420,00**	380,00 483,00
		11	Innenlamellen	*	030	m²	**330,00**	293,00 369,00
		12	Innensonnenschutz, Textil	*	030	m²	**170,00**	129,00 201,00

Preisstand I/95 Index 221,8 (1976 = 100)

DIN 276	AK	AA	Bauteiltext	Lohn-anteil	LB-Nr.	Ein-heit	Preis DM	Preisspanne DM
338 *31316*	51		**Rolläden instandsetzen, incl. notwendiger Vorarbeiten und Abdeckungen**					
		01	Holz, deckender Anstrich	****	034	m²	**60,00**	43,00 60,00
		02	Zugband erneuern	****	030	m²	**33,00**	30,00 40,00
		03	Wickler / Panzer gangbar machen	****	030	m²	**28,00**	25,00 33,00
		04	Fugendichtung, Dämmung erneuern	****	030	m²	**38,00**	32,00 41,00
		05	Führungsleisten erneuern	***	030	m²	**98,00**	70,00 165,00
		06	Führungsleisten, ausstellbar, erneuern	***	030	m²	**150,00**	129,00 209,00
		11	Panzer erneuern, Kunststoff	***	030	m²	**86,00**	80,00 93,00
		12	Panzer erneuern, Holz	***	030	m²	**150,00**	123,00 162,00
	61		**Klapp-/ Schiebeläden instandsetzen Rahmenkonstruktion, Lamellen oder Verbretterung, incl. notwendiger Vorarbeiten und Abdeckungen**					
		01	schreinermäßige Reparatur	****	027	m²	**240,00**	200,00 283,00
		11	deckender Anstrich, beidseitig	****	034	m²	**56,00**	38,00 57,00
		13	lasierender Anstrich, beidseitig	****	034	m²	**35,00**	26,00 41,00
		14	Abbeizen	****	034	m²	**31,00**	26,00 38,00
		15	Kurbeltrieb reparieren	****	027	m²	**43,00**	32,00 53,00
		21	Dollen neu befestigen	****	027	m²	**83,00**	71,00 107,00
		22	Laufschienen reparieren	****	027	m²	**43,00**	32,00 53,00
		23	Beschläge, Rollen reparieren	****	027	m²	**72,00**	62,00 85,00

Preisstand I/95 Index 221,8 (1976 = 100)

DIN 276	AK	AA	Bauteiltext	Lohn-anteil	LB-Nr.	Ein-heit	Preis DM	Preisspanne DM
339 *31316*	01		**Geländer Höhe ca. 1,00 m, incl. notwendiger Vorarbeiten, Verankerungen, Abstützungen und Oberflächenbehandlung**					
		01	Stahl, einfache Ausführung	**	031	m	**315,00**	269,00 337,00
		02	Stahl, gehobene Ausführung	**	031	m	**450,00**	403,00 471,00
		11	Schmiedeeisen, einfache Ausführung	**	031	m	**510,00**	471,00 539,00
		12	Schmiedeeisen, gehobene Ausführg.	**	031	m	**740,00**	700,00 781,00
		21	Holz, einfache Ausführung	**	027	m	**335,00**	308,00 350,00
		22	Holz, gehobene Ausführung	**	027	m	**550,00**	513,00 607,00
		31	Wandhandlauf, einfache Ausführung	**	027	m	**86,00**	72,00 99,00
		32	Wandhandlauf, gehobene Ausführg.	**	027	m	**245,00**	230,00 285,00
	02		**Gitter oder Stangen in Fensterleibungen zur Wiederherstellung der vorgeschriebenen Brüstungshöhe, incl. Oberflächenbehandlung**					
		01	Stahl, einfache Ausführung	**	031	m	**105,00**	95,00 120,00
		02	Stahl, gehobene Ausführung	**	031	m	**240,00**	212,00 267,00
		11	Schmiedeeisen, einfache Ausführung	**	031	m	**300,00**	273,00 347,00
		12	Schmiedeeisen, gehob. Ausführung	**	031	m	**405,00**	347,00 465,00
	11		**Gitter zur Diebstahlsicherung vor Fenstern und Türen, incl. Oberflächenbehandlung**					
		01	Stahl, einfache Ausführung	**	031	m^2	**275,00**	242,00 338,00
		02	Stahl, gehobene Ausführung	**	031	m^2	**400,00**	338,00 471,00
		11	Schmiedeeisen, einfache Ausführung	**	031	m^2	**470,00**	403,00 539,00
		12	Schmiedeeisen, gehob. Ausführung	**	031	m^2	**680,00**	539,00 1073,00

Preisstand I/95 Index 221,8 (1976 = 100)

DIN 276	AK	AA	Bauteiltext	Lohn-anteil	LB-Nr.	Ein-heit	Preis DM	Preisspanne DM
339 *31316*	12		**Rankhilfen für Fassadenbegrünung, incl. notwendiger Vorarbeiten, Verankerungen und Oberflächenbehandlung**					
		01	Lattengerüst	**	027	m²	**73,00**	57,00 88,00
		11	Spanndraht, Edelstahl, Abstd. 30 cm	**	031	m²	**56,00**	43,00 65,00
		15	Rankgitter, verzinkt	**	031	m²	**110,00**	96,00 153,00
		16	Rankgitter, Edelstahl	**	031	m²	**210,00**	155,00 240,00
	15		**Roste und Abdeckungen, incl. Ausbau vorhandener Konstruktionen und Schuttabfuhr, Diebstahlsicherung, Beiputz und Oberflächenbehandlung**					
		01	Gitterroste, F < 0,5 m²	**	012	St	**310,00**	257,00 357,00
		02	Gitterroste, F = 0,5 – 1,0 m²	**	012	St	**495,00**	428,00 556,00
		11	Gitterroste, befahrbar, F < 0,5 m²	**	012	St	**370,00**	328,00 428,00
		12	Gitterroste, befahrbar, F 0,5 – 1,0 m²	**	012	St	**660,00**	570,00 711,00
		21	Riffelblech, F < 0,5 m²	**	012	St	**255,00**	229,00 285,00
		22	Riffelblech, F = 0,5 – 1,0 m²	**	012	St	**405,00**	357,00 462,00
		31	Riffelblech, befahrbar, F < 0,5 m²	**	012	St	**340,00**	301,00 399,00
		32	Riffelblech, befahrbar, F = 0,5 – 1,0 m²	**	012	St	**590,00**	513,00 640,00
	21		**Feuerleitern zur Schaffung eines 2. Fluchtweges, incl. Befestigungen, Austritt, Geländer und Oberflächenbehandlung**					
		01	einzelne Leiter (ohne Podest)	**	031	m	**375,00**	328,00 400,00
		02	mit 2 – 5 Podesten	**	031	m	**520,00**	462,00 583,00

Preisstand I/95 Index 221,8 (1976 = 100)

DIN 276	AK	AA	Bauteiltext	Lohn-anteil	LB-Nr.	Ein-heit	Preis DM	Preisspanne DM
339 *31316*	51		**Geländer instandsetzen Höhe ca. 1,00 m, incl. notwendiger Vorarbeiten und Schutzmaßnahmen**					
		01	Verankerungen neu befestigen	****	031	m	**41,00**	33,00 47,00
		11	Handläufe erneuern	***	031	m	**67,00**	55,00 81,00
		21	deckender Anstrich	****	034	m	**56,00**	29,00 51,00
	52		**Gitter instandsetzen, incl. notwendiger Vorarbeiten**					
		01	Verankerungen neu befestigen	****	031	m²	**41,00**	33,00 47,00
		11	deckender Anstrich	****	034	m²	**59,00**	32,00 53,00
		15	Ausbau, Ergänzen, Verzinken, Wiedereinbau	***	031	m²	**325,00**	200,00 379,00
	53		**Roste/Abdeckungen instandsetzen, incl. notwendiger Vorarbeiten**					
		01	Gitterroste neu einmörteln	****	012	m²	**42,00**	33,00 47,00
		11	Abdeckungen streichen	****	034	m²	**45,00**	27,00 39,00
		12	Abdeckungen neu einmörteln	****	012	m²	**41,00**	33,00 46,00

Preisstand I/95 Index 221,8 (1976 = 100)

DIN 276	AK	AA	Bauteiltext	Lohn-anteil	LB-Nr.	Ein-heit	Preis DM	Preisspanne DM
341 *31221*	01		**Betonwände incl. Schalung und Bewehrung**					
		01	D < 15 cm, zweiseitige Schalung	**	013	m²	**190,00**	183,00 197,00
		02	D = 15 – 25 cm, zweiseitige Schalung	**	013	m²	**205,00**	197,00 211,00
		11	D < 15 cm, einseitige Schalung	**	013	m²	**160,00**	148,00 176,00
		12	D = 15 – 25 cm, einseitige Schalung	**	013	m²	**175,00**	160,00 191,00
	11		**Mauerwerkswände für Verputz oder Bekleidungen**					
		01	Ziegel/KS, D = 17,5 cm	**	012	m²	**105,00**	96,00 125,00
		02	Ziegel/KS, D = 24,0 cm	**	012	m²	**140,00**	127,00 152,00
		03	Ziegel/KS, D = 36,5 cm	**	012	m²	**210,00**	181,00 217,00
		04	KS-Planstein, D = 17,5 cm	**	012	m²	**150,00**	127,00 160,00
		05	KS-Planstein, D = 24,0 cm	**	012	m²	**190,00**	173,00 208,00
		11	HBL-Bims, D = 17,5 cm	**	012	m²	**99,00**	93,00 109,00
		12	HBL-Bims, D = 24,0 cm	**	012	m²	**130,00**	115,00 138,00
		13	HBL-Bims, D = 36,5 cm	**	012	m²	**175,00**	165,00 190,00
		21	hochdämmende Steine, D = 17,5 cm	**	012	m²	**130,00**	107,00 141,00
		22	hochdämmende Steine, D = 24,0 cm	**	012	m²	**175,00**	128,00 193,00
		23	hochdämmende Steine, D = 30,0 cm	**	012	m²	**205,00**	140,00 217,00
		24	hochdämmende Steine, D = 36,5 cm	**	012	m²	**225,00**	158,00 240,00
	12		**Sichtmauerwerkswände Normalformat, einseitig, incl. Sichtverfugung**					
		01	Ziegel/KS, D = 17,5 cm	**	012	m²	**175,00**	169,00 181,00
		02	Ziegel/KS, D = 24,0 cm	**	012	m²	**240,00**	232,00 250,00
		03	Ziegel/KS, D = 36,5 cm	**	012	m²	**340,00**	326,00 353,00

Preisstand I/95 Index 221,8 (1976 = 100)

DIN 276	AK	AA	Bauteiltext	Lohn-anteil	LB-Nr.	Ein-heit	Preis DM	Preisspanne DM
341 *31221*	13		**Natursteinmauerwerkswände** **Gesamtdicke ca. 50,0 cm, incl. Sichtverfugung und Hintermauerung**					
		01	Bruchsteinmauerwerk	**	014	m²	**610,00**	568,00 695,00
		11	Hammerrechtes Mauerwerk	**	014	m²	**660,00**	597,00 727,00
	21		**Holzfachwerkwände, Mauerwerksausfachung** **Dicke ca. 15 cm, verputzt oder Sichtverfugung, Skelettbauweise mit ausgesteiften Holzverbindungen**					
		01	Hartholz Bimsmauerwerk	**	016	m²	**510,00**	451,00 540,00
		02	Hartholz Ziegelmauerwerk	**	016	m²	**530,00**	461,00 561,00
		04	Hartholz Lehmsteine	**	016	m²	**510,00**	440,00 526,00
		05	Hartholz Gasbeton	**	016	m²	**495,00**	429,00 521,00
		11	Nadelholz Bimsmauerwerk	**	016	m²	**420,00**	369,00 441,00
		12	Nadelholz Ziegelmauerwerk	**	016	m²	**440,00**	379,00 453,00
		14	Nadelholz Lehmsteine	**	016	m²	**420,00**	345,00 436,00
		15	Nadelholz Gasbeton	**	016	m²	**405,00**	347,00 436,00
	22		**Holzfachwerkwände, Lehmausfachungen** **Skelettbauweise aus Nadelholz (NH) oder Hartholz (HH) mit ausgesteifen Holzverbindungen und Ausfachungen aus Strohlehm, Mineralleichtlehm oder im Lehmspritzverfahren mit Kalk- oder Kalklehmputz D = ca. 15 cm**					
		01	HH Strohlehm auf Stakung	***	016	m²	**690,00**	607,00 721,00
		02	HH Mineralleichtlehm	***	016	m²	**670,00**	588,00 698,00
		03	HH Lehmspritzverfahren	***	016	m²	**610,00**	526,00 623,00
		11	NH Strohlehm auf Stakung	***	016	m²	**610,00**	529,00 647,00
		12	NH Mineralleichtlehm	***	016	m²	**590,00**	508,00 607,00
		13	NH Lehmspritzverfahren	***	016	m²	**510,00**	448,00 522,00

Preisstand I/95 Index 221,8 (1976 = 100)

DIN 276	AK	AA	Bauteiltext	Lohn-anteil	LB-Nr.	Ein-heit	Preis DM	Preisspanne DM
341 *31221*	51		**Betonwände instandsetzen zur Sicherung der Gebrauchsfähigkeit, incl. Vorarbeiten, Schutzmaßnahmen, Vorbehandlungen und Schuttabfuhr**					
		01	Löcher, Risse schließen	***	013	m^2	**31,00**	21,00 43,00
		02	Bewehrung freilegen, Rostschutz	***	013	m^2	**36,00**	21,00 47,00
		03	Abplatzungen, Reparaturmörtel	***	013	m^2	**68,00**	58,00 93,00
		04	Spezial – Schlußbeschichtung	***	013	m^2	**36,00**	23,00 45,00
		11	betonierte Vorsatzschalen, armiert	***	013	m^2	**170,00**	150,00 185,00
	52		**Mauerwerkswände instandsetzen einseitig, Mauerziegel, kleine Flächen, incl. Vorarbeiten**					
		01	D = ca. 12 cm, aufmauern, Verfugung	***	012	m^2	**245,00**	228,00 257,00
		02	D = ca. 25 cm, aufmauern, Verfugung	***	012	m^2	**330,00**	300,00 350,00
		03	D = ca. 38 cm, aufmauern, Verfugung	***	012	m^2	**405,00**	378,00 428,00
		11	D = ca. 12 cm, aufmauern, Verputz	***	012	m^2	**255,00**	236,00 278,00
		12	D = ca. 25 cm, aufmauern, Verputz	***	012	m^2	**340,00**	325,00 363,00
		13	D = ca. 38 cm, aufmauern, Verputz	***	012	m^2	**410,00**	381,00 435,00
		21	Mauerkronen, D = ca. 25 cm aufmauern	***	012	m^2	**250,00**	236,00 263,00
		22	Mauerkronen, D = ca. 38 cm aufmauern	***	012	m^2	**295,00**	285,00 315,00
		23	Mauerkronen, D = ca. 51 cm aufmauern	***	012	m^2	**360,00**	336,00 371,00
		31	gemauerte Vorsatzschalen	**	012	m^2	**265,00**	257,00 285,00
		32	betonierte Vorsatzschalen	**	013	m^2	**215,00**	192,00 229,00

Preisstand I/95 Index 221,8 (1976 = 100)

DIN 276	AK	AA	Bauteiltext	Lohn-anteil	LB-Nr.	Ein-heit	Preis DM	Preisspanne DM
341 *31221*	53		**Naturstein-Mauerwerkswände instandsetzen, incl. partiellem Ausbau, Schuttabfuhr, Beimauern, Beiputz und Verfugung**					
		01	Bruchsteinmauerwerk	***	014	m²	**415,00**	363,00 441,00
		02	hammerrechtes Mauerwerk	***	014	m²	**465,00**	405,00 508,00
		11	Oberfläche scharrieren / stocken	****	014	m²	**61,00**	52,00 73,00
		12	Oberfläche mit Spezialmörtel ausbessern	****	014	m²	**83,00**	52,00 93,00
		21	schadhafte Fugen ausräumen, neu verfugen	****	014	m²	**69,00**	56,00 76,00
	54		**Sichtmauerwerkswände instandsetzen, incl. Ausbau, Schuttabfuhr und Verfugung**					
		01	Erneuerung einzelner Ziegel	****	012	St	**28,00**	27,00 33,00
		02	Erneuerung einzelner Formziegel	****	012	St	**50,00**	46,00 53,00
		11	Erneu. hammerr. Naturst. ca. 10x20cm	****	014	St	**72,00**	63,00 77,00
		12	Erneu. hammerr. Naturst. ca. 20x20cm	****	014	St	**99,00**	90,00 107,00
		13	Erneu. hammerr. Naturst. ca. 20x40cm	****	014	St	**140,00**	131,00 150,00
		21	Erneuerung einzelner Bruchsteine	****	014	St	**57,00**	53,00 63,00
	55		**Fachwerk, Tragkonstruktion instandsetzen durch Erneuern von Holzteilen, ca. 12 x 14 cm, Schwellen, Sohlen, Stützen, Fensterriegel, incl. Ausbau, Schuttabfuhr, Beiarbeiten der Ausfachung, Beiputz und Imprägnierung**					
		01	Eichenholz, ohne Abfangung	***	016	m	**145,00**	121,00 200,00
		02	Eichenholz, mit Abfangung	***	016	m	**255,00**	213,00 335,00
		11	Nadelholz, ohne Abfangung	***	016	m	**105,00**	96,00 122,00
		12	Nadelholz, mit Abfangung	***	016	m	**215,00**	198,00 271,00

Preisstand I/95 Index 221,8 (1976 = 100)

DIN 276	AK	AA	Bauteiltext	Lohn-anteil	LB-Nr.	Ein-heit	Preis DM	Preisspanne DM
341 *31221*	57		**Fachwerkwände instandsetzen Ausbau geschädigter Wandpartien, Instandsetzung der Konstruktion, Beiarbeiten der Ausfachungen, Imprägnierung, Beiputz**					
		01	Hartholz, Bimsmauerwerk	***	016	m²	**285,00**	240,00 317,00
		02	Hartholz, Ziegelmauerwerk	***	016	m²	**315,00**	273,00 347,00
		03	Hartholz, KS-Mauerwerk	***	016	m²	**280,00**	238,00 307,00
		04	Hartholz, Lehmausfachung	***	016	m²	**345,00**	293,00 389,00
		05	Hartholz, Gasbeton	***	016	m²	**275,00**	227,00 302,00
		11	Nadelholz, Bimsmauerwerk	***	016	m²	**225,00**	180,00 281,00
		12	Nadelholz, Ziegelmauerwerk	***	016	m²	**250,00**	203,00 283,00
		13	Nadelholz, KS-Mauerwerk	***	016	m²	**225,00**	183,00 278,00
		14	Nadelholz, Lehmausfachung	***	016	m²	**310,00**	265,00 361,00
		15	Nadelholz, Gasbeton	***	016	m²	**215,00**	169,00 267,00
		21	Konstruktion mit Winde ausrichten	****	016	m²	**28,00**	23,00 32,00

Preisstand I/95 Index 221,8 (1976 = 100)

DIN 276	AK	AA	Bauteiltext	Lohn-anteil	LB-Nr.	Ein-heit	Preis DM	Preisspanne DM
341 *31221*	61		**Öffnungen in Wänden herstellen in tragendem Mauerwerk, Abfangung, Überdeckungen, Beimauerungen und Beiputz, incl. Schuttabfuhr**					
		01	D = ca. 25 cm, Größe bis 1 m²	***	012	m²	**570,00**	533,00 570,00
		02	D = ca. 38 cm, Größe bis 1 m²	***	012	m²	**770,00**	746,00 785,00
		03	D = ca. 51 cm, Größe bis 1 m²	***	012	m²	**910,00**	876,00 927,00
		04	D = ca. 64 cm, Größe bis 1 m²	***	012	m²	**990,00**	962,00 1013,00
		11	D = ca. 25 cm, Größe bis 2 m²	***	012	m²	**510,00**	485,00 542,00
		12	D = ca. 38 cm, Größe bis 2 m²	***	012	m²	**570,00**	528,00 585,00
		13	D = ca. 51 cm, Größe bis 2 m²	***	012	m²	**600,00**	570,00 627,00
		14	D = ca. 64 cm, Größe bis 2 m²	***	012	m²	**660,00**	620,00 685,00
		21	D = ca. 25 cm, Größe über 2 m²	***	012	m²	**430,00**	407,00 449,00
		22	D = ca. 38 cm, Größe über 2 m²	***	012	m²	**470,00**	451,00 492,00
		23	D = ca. 51 cm, Größe über 2 m²	***	012	m²	**510,00**	492,00 533,00
		24	D = ca. 64 cm, Größe über 2 m²	***	012	m²	**570,00**	533,00 570,00
		31	D = ca. 16 cm, Fachwerkwände	***	016	m²	**470,00**	432,00 512,00
	62		**Durchbrüche in Wänden herstellen in tragendem Mauerwerk für die Verlegung von Rohrleitungen, incl. Schuttabfuhr und späterem Schließen, in Beton, Ziegel- und Natursteinmauerwerk**					
		01	D = ca. 25 cm, Bohrung ∅ ca. 3 cm	****	949	St	**28,00**	25,00 32,00
		02	D = ca. 38 cm, Bohrung ∅ ca. 3 cm	****	949	St	**33,00**	32,00 38,00
		03	D = ca. 51 cm, Bohrung ∅ ca. 3 cm	****	949	St	**41,00**	37,00 43,00
		04	D = ca. 64 cm, Bohrung ∅ ca. 3 cm	****	949	St	**45,00**	43,00 48,00
		11	D = ca. 25 cm, Größe bis 0,10 m²	****	949	St	**90,00**	83,00 93,00
		12	D = ca. 38 cm, Größe bis 0,10 m²	****	949	St	**93,00**	88,00 99,00
		13	D = ca. 51 cm, Größe bis 0,10 m²	****	949	St	**105,00**	96,00 109,00
		14	D = ca. 64 cm, Größe bis 0,10 m²	****	949	St	**125,00**	107,00 121,00

Preisstand I/95 Index 221,8 (1976 = 100)

DIN 276	AK	AA	Bauteiltext	Lohn-anteil	LB-Nr.	Ein-heit	Preis DM	Preisspanne DM
341 *31221*	63		**Öffnungen schließen, massiv mit Mauerwerk, für Verputz, incl. notwendiger Vorarbeiten**					
		01	Wanddicke ca. 6 cm	***	012	m²	**123,00**	105,00 143,00
		02	Wanddicke ca. 12 cm	***	012	m²	**160,00**	136,00 187,00
		03	Wanddicke ca. 25 cm	***	012	m²	**240,00**	208,00 266,00
	81		**Sanierung geschädigter Holzteile von Fäulnis, Pilzen oder Holzschädlingen befallene Holzkonstruktionen freilegen und chemisch behandeln, incl. aller Vorarbeiten, Schutzmaßnahmen, sowie Verbrennen ausgebauter Hölzer und Späne**					
		01	Holz abbürsten, abhobeln	****	016	m²	**13,00**	10,00 16,00
		02	Holz abbeilen, abflammen	****	016	m²	**27,00**	20,00 33,00
		11	Holz imprägnieren, streichen/spritzen	****	016	m²	**48,00**	40,00 53,00
		12	Holz imprägnieren, Bohrlochtränkung	****	016	m²	**73,00**	67,00 82,00

DIN 276	AK	AA	Bauteiltext	Lohn-anteil	LB-Nr.	Ein-heit	Preis DM	Preisspanne DM
341 *31221*	82		**Sanierung befallenen Mauerwerks von Hausschwamm befallenes oder mit Salzen durchsetztes Mauerwerk mit verschiedenen Maßnahmen sanieren, incl. aller Vorarbeiten, Schutzmaßnahmen und Schuttabfuhr**					
		01	Mauerwerk, Fugen auskratzen	****	012	m²	**11,00**	9,00 12,00
		02	Mauerwerk Fugen freistemmen	****	012	m²	**37,00**	21,00 59,00
		03	Mauerwerk reinigen, bürsten	****	012	m²	**8,00**	7,00 9,00
		05	Putz abschlagen, Fugen auskratzen	***	012	m²	**31,00**	23,00 33,00
		21	Mauerwerk sandstrahlen	****	012	m²	**22,00**	21,00 26,00
		22	Mauerwerk abflämmen	****	012	m²	**13,00**	10,00 16,00
		31	Mauerwerk Streichimprägnierung	****	012	m²	**25,00**	23,00 33,00
		32	Mauerwerk Bohrlochimprägnierung	****	012	m²	**430,00**	401,00 807,00
		33	Mauerwerk chemische Salzbehandlung	****	012	m²	**33,00**	31,00 51,00
		34	Mauerwerk chemische Schwammbehandlung	****	012	m²	**22,00**	21,00 31,00
		41	Mauerwerk Neuverfugung	****	012	m²	**33,00**	29,00 40,00
		42	Mauerwerk neuer Sperrputz	***	023	m²	**58,00**	53,00 67,00
		43	Mauerwerk Sanierputz	***	023	m²	**91,00**	86,00 120,00

Preisstand I/95 Index 221,8 (1976 = 100)

DIN 276	AK	AA	Bauteiltext	Lohn-anteil	LB-Nr.	Ein-heit	Preis DM	Preisspanne DM
342 *31321*	01		**Ständerwände (einfach), Ständerwerk mit Beplankung aus Gipswerkstoffplatten, mit 4 cm Dämmung, D = 8 – 12 cm, incl. aller Wandanschlüsse, Spachtelung und Fugenabdeckung**					
		01	Einfachbeplankung, beidseitig	**	039	m²	**120,00**	103,00 126,00
		11	Doppelbeplankung, einseitig	**	039	m²	**130,00**	115,00 138,00
		21	Doppelbeplankung, beidseitig	**	039	m²	**140,00**	126,00 149,00
	02		**Ständerwände, Wohnungstrennwände mit erhöhten Anforderungen an Brandschutz, Schall- und Wärmedämmung, incl. Doppelbeplankung aus Gipswerkstoff-Feuerschutzplatten, 6 cm Mineralfaserplatten, Wandanschlüsse, Spachtelung und Fugenüberdeckung**					
		01	Einfachständer, D = 12,5 cm	**	039	m²	**155,00**	137,00 165,00
		02	Einfachständer, D = 15,0 cm	**	039	m²	**160,00**	145,00 173,00
		11	Doppelständer, D = 20,5 cm	**	039	m²	**190,00**	173,00 201,00
		12	Doppelständer, D = 25,5 cm	**	039	m²	**210,00**	191,00 220,00
	03		**Glasständerwände als Sonderkonstruktion Rahmenkonstruktion mit Sicherheitsverglasung, incl. aller Anschlüsse, Fugenüberdeckung und Anstrich**					
		01	Stahl, Dickglas	**	031	m²	**415,00**	372,00 466,00
		02	Stahl, Isolierverglasung	**	031	m²	**550,00**	497,00 611,00
		05	Aluminium, Dickglas	**	031	m²	**570,00**	515,00 629,00
		06	Aluminium, Isolierverglasung	**	031	m²	**670,00**	622,00 720,00
		11	Brandschutz-Glaswände (G 30)	**	031	m²	**1840,00**	1283,00 2672,00

Preisstand I/95 Index 221,8 (1976 = 100)

DIN 276	AK	AA	Bauteiltext	Lohnanteil	LB-Nr.	Einheit	Preis DM	Preisspanne DM
342 *31321*	11		**Mauerwerkstrennwände für Verputz oder Bekleidungen, D = 11,5 cm**					
		01	Ziegel	**	012	m²	**100,00**	93,00 108,00
		02	Kalksandstein	**	012	m²	**91,00**	79,00 93,00
		03	Bims	**	012	m²	**91,00**	79,00 93,00
		04	Lehmsteine	**	012	m²	**83,00**	77,00 93,00
		05	Leichtlehmquader	**	012	m²	**140,00**	118,00 151,00
		11	Glasbausteine	**	012	m²	**430,00**	353,00 479,00
	12		**Sichtmauerwerkstrennwände, incl. notwendiger Vorarbeiten und beidseitiger Sichtverfugung, D = 11,5 cm**					
		01	Ziegel, 0,50 DM/St	**	012	m²	**170,00**	157,00 193,00
		02	Ziegel, 1,00 DM/St	**	012	m²	**215,00**	193,00 243,00
		11	Feldbrandziegel	**	012	m²	**285,00**	259,00 313,00
		21	Kalksandstein	**	012	m²	**155,00**	143,00 157,00
	21		**Plattentrennwände ohne Verputz D = 6 – 10 cm, incl. notwendiger Vorarbeiten, Verfugung, Spachtelung und Wandanschlüsse**					
		01	Vollgipsplatten	**	012	m²	**105,00**	98,00 116,00
		11	Gasbetonplatten	**	012	m²	**105,00**	91,00 111,00
		21	Bimsplatten	**	012	m²	**96,00**	88,00 108,00
		31	Kalksandsteinplatten	**	012	m²	**105,00**	98,00 116,00
	51		**Öffnungen herstellen in Trennwänden, Schuttabfuhr, incl. Abfangung mit Unterzügen, Beimauerungen, Beiputz und Beiarbeiten des Fußbodens**					
		01	Wanddicke ca. 6,0 cm	***	012	m²	**175,00**	156,00 192,00
		02	Wanddicke ca. 12,0 cm	***	012	m²	**260,00**	236,00 300,00

Preisstand I/95 Index 221,8 (1976 = 100)

DIN 276	AK	AA	Bauteiltext	Lohn-anteil	LB-Nr.	Ein-heit	Preis DM	Preisspanne DM
342 *31321*	52		**Durchbrüche herstellen in Trennwänden für die Verlegung von Rohrleitungen, incl. Schuttabfuhr und späterem Schließen der Durchbrüche**					
		01	D = ca. 6 cm, Bohrungen ∅ ca. 3 cm	****	949	St	**21,00**	18,00 25,00
		02	D = ca. 12 cm, Bohrungen ∅ ca. 3 cm	****	949	St	**26,00**	23,00 30,00
		11	D = ca. 6 cm, Größe bis 0,10 m^2	****	949	St	**78,00**	68,00 88,00
		12	D = ca. 12 cm, Größe bis 0,10 m^2	****	949	St	**93,00**	82,00 103,00
	53		**Öffnungen schließen, massiv mit Mauerwerk für Verputz, incl. notwendiger Vorarbeiten**					
		01	Wanddicke ca. 6,0 cm	***	012	m^2	**123,00**	101,00 143,00
		02	Wanddicke ca. 12,0 cm	***	012	m^2	**160,00**	136,00 187,00
		03	Wanddicke ca. 25,0 cm	***	012	m^2	**240,00**	208,00 266,00
	54		**Öffnungen schließen, Leichtbau in einer Dicke von 10 – 20 cm, als Metallständerwerk mit Beplankung aus Gipswerkstoffplatten, Mineralfaserplatten, Spachtelung und Beiputz**					
		01	Einfachständer, Einfachbeplankung	***	039	m^2	**175,00**	158,00 183,00
		02	Einfachständer, Doppelbeplankung	***	039	m^2	**200,00**	176,00 211,00
		11	Wohnungstrennwand, Einfachbeplankung	***	039	m^2	**205,00**	180,00 218,00
		12	Wohnungstrennwand, Doppelbeplankung	***	039	m^2	**240,00**	219,00 259,00

Preisstand I/95 Index 221,8 (1976 = 100)

DIN 276	AK	AA	Bauteiltext	Lohn-anteil	LB-Nr.	Ein-heit	Preis DM	Preisspanne DM
342 *31321*	61		**Fachwerkwände instandsetzen Instandsetzung der Konstruktion, Beiarbeiten der Ausfachung, Imprägnierung, Beiputz**					
		01	Hartholz, Bimsmauerwerk	***	016	m²	**285,00**	240,00 317,00
		02	Hartholz, Ziegel-/KS-Mauerwerk	***	016	m²	**315,00**	237,00 347,00
		04	Hartholz, Lehmsteine	***	016	m²	**285,00**	238,00 305,00
		05	Hartholz, Gasbeton	***	016	m²	**275,00**	227,00 302,00
		11	Nadelholz, Bimsmauerwerk	***	016	m²	**225,00**	180,00 281,00
		12	Nadelholz, Ziegel-/KS-Mauerwerk	***	016	m²	**250,00**	183,00 283,00
		14	Nadelholz, Lehmsteine	***	016	m²	**225,00**	176,00 252,00
		15	Nadelholz, Gasbeton	***	016	m²	**220,00**	169,00 267,00
	62		**Fachwerk, Ausfachung erneuern auch kleine Flächen, D = ca. 15 cm, incl. Ausbau und Schuttabfuhr**					
		01	Bimsplatten, Verputz	***	012	m²	**225,00**	192,00 260,00
		02	Ziegel, Sichtverf.	***	012	m²	**245,00**	202,00 283,00
		04	Lehmsteine	***	012	m²	**225,00**	193,00 262,00
		05	Gasbeton, Verputz	***	012	m²	**215,00**	175,00 270,00
		06	Stakung, Lehm, Kalkputz	****	900	m²	**405,00**	353,00 441,00
		07	Mineralleichtlehm, Verputz	***	900	m²	**385,00**	342,00 410,00
		08	Lehmspritzverfahren, Verputz	****	900	m²	**240,00**	211,00 262,00

Preisstand I/95 Index 221,8 (1976 = 100)

DIN 276	AK	AA	Bauteiltext	Lohn-anteil	LB-Nr.	Ein-heit	Preis DM	Preisspanne DM
343 *31222*	01		**Betonstützen zur Abfangung von Lasten, incl. Schalung, Bewehrung, Druckpolster und notwendiger Abstützungen, ohne Fundamentierung**					
		01	Querschnitt bis 600 cm²	**	013	m	**155,00**	142,00 171,00
		02	Querschnitt 600 – 1200 cm²	**	013	m	**305,00**	285,00 328,00
		11	Querschnitt bis 600 cm², Sichtbeton	**	013	m	**170,00**	150,00 192,00
		12	Quersch. 600 – 1200 cm², Sichtbeton	**	013	m	**330,00**	299,00 356,00
	02		**Mauerpfeiler zur Abfangung von Lasten, incl. erforderlicher Verzahnungen, ohne Fundamentierung**					
		01	24 x 24 cm, Verputz	**	012	m	**145,00**	123,00 157,00
		02	24 x 36,5 cm, Verputz	**	012	m	**200,00**	181,00 223,00
		03	36,5 x 36,5 cm, Verputz	**	012	m	**260,00**	238,00 323,00
		11	24 x 24 cm, Sichtmauerwerk	**	012	m	**130,00**	117,00 145,00
		12	24 x 36,5 cm, Sichtmauerwerk	**	012	m	**150,00**	135,00 171,00
		13	36,5 x 36,5 cm, Sichtmauerwerk	**	012	m	**210,00**	186,00 228,00
		21	Pfeilervorlagen, 11,5 x 24 cm, Verputz	**	012	m	**78,00**	71,00 90,00
		22	Pfeilervorlagen, 24 x 24 cm, Verputz	**	012	m	**105,00**	95,00 119,00
		23	Pfeilervorlagen, 24 x 36,5 cm, Verputz	**	012	m	**135,00**	121,00 150,00
		31	Pfeilervorlagen, 11,5 x 24 cm, Sichtmauerwerk	**	012	m	**72,00**	63,00 81,00
		32	Pfeilervorlagen, 24 x 24 cm, Sichtmauerwerk	**	012	m	**99,00**	90,00 109,00
		33	Pfeilervorlagen, 24 x 36,5 cm, Sichtmauerwerk	**	012	m	**130,00**	113,00 143,00

Preisstand I/95 Index 221,8 (1976 = 100)

DIN 276	AK	AA	Bauteiltext	Lohn-anteil	LB-Nr.	Ein-heit	Preis DM	Preisspanne DM
343 *31222*	03		**Natursteinmauerwerksstützen zur Abfangung von Lasten, ohne Fundamentierung**					
		01	Bruchsteinmauerwerk, bis 900 cm^2	**	014	m	**345,00**	308,00 401,00
		02	Bruchsteinmauerw., 900 – 2500 cm^2	**	014	m	**485,00**	426,00 539,00
		11	hammerrechtes Mauerw., bis 900 cm^2	**	014	m	**375,00**	315,00 436,00
		12	hammerr. Mauerw., 900 – 2500 cm^2	**	014	m	**510,00**	453,00 573,00
	04		**Holzstützen gehobelt, zur Abfangung von Lasten, Ausbildung der Fuß- und Deckenanschlüsse, Verbindung mit der vorh. Konstruktion und notwendige Verstrebungen, ohne Fundamentierung**					
		01	Querschnitt bis 150 cm^2	**	016	m	**97,00**	72,00 116,00
		02	Querschnitt bis 300 cm^2	**	016	m	**105,00**	83,00 122,00
		04	Leimholz, bis 150 cm^2	**	016	m	**135,00**	101,00 161,00
		05	Leimholz, bis 300 cm^2	**	016	m	**225,00**	200,00 251,00
	05		**Stahlstützen zur Abfangung von Lasten incl. Druckausgleichsplatten, ohne Fundamentierung**					
		01	Walzprofile bis IPBL 100	**	017	m	**200,00**	181,00 203,00
		02	Walzprofile bis IPBL 160	**	017	m	**400,00**	385,00 421,00
		03	Walzprofile bis IPBL 200	**	017	m	**580,00**	541,00 600,00
		11	Hohlprofile bis Q-Rohr 100	**	017	m	**145,00**	129,00 147,00
		12	Hohlprofile bis Q-Rohr 160	**	017	m	**365,00**	350,00 385,00
		13	Hohlprofile bis Q-Rohr 200	**	017	m	**465,00**	435,00 493,00

Preisstand I/95 Index 221,8 (1976 = 100)

DIN 276	AK	AA	Bauteiltext	Lohn-anteil	LB-Nr.	Ein-heit	Preis DM	Preisspanne DM
343 *31222*	31		**Stahlrähme zur Abfangung von Lasten und als Auflager auf Stützen, incl. notwendiger Verstrebungen und kraftschlüssiger Anschlüsse**					
		01	Walzprofile bis IPBL 100	**	017	m	**150,00**	109,00 200,00
		02	Walzprofile bis IPBL 160	**	017	m	**220,00**	179,00 257,00
		03	Walzprofile bis IPBL 200	**	017	m	**305,00**	241,00 360,00
	51		**Betonstützen instandsetzen durch Freilegen und Ergänzen der Bewehrung, Wiederherstellung der notwendigen Überdeckung**					
		01	Betonstützen	***	013	m	**110,00**	93,00 133,00
		02	Sichtbetonstützen	***	013	m	**125,00**	101,00 155,00
	52		**Mauerwerksstützen instandsetzen, incl. partiellem Ausbau, Schuttabfuhr, Beimauern, Verfestigen des Mauerwerks, neue Verfugung, Einlegen von Profilstäben, Sichtmauerwerk oder Beiputz und Anstrich**					
		01	Pfeiler	***	012	m²	**125,00**	108,00 153,00
		02	Pfeiler Sichtmauerwerk	***	012	m²	**98,00**	95,00 133,00
		03	Vorlagen	***	012	m²	**105,00**	72,00 125,00
		04	Vorlagen Sichtmauerwerk	***	012	m²	**92,00**	65,00 113,00
	53		**Natursteinmauerwerkstützen instandsetzen, incl. partiellem Ausbau, Schuttabfuhr, Beimauern und neue Verfugung**					
		01	Bruchsteinmauerwerk	***	014	m²	**410,00**	360,00 463,00
		02	hammerrechtes Mauerwerk	***	014	m²	**465,00**	422,00 521,00

Preisstand I/95 Index 221,8 (1976 = 100)

DIN 276	AK	AA	Bauteiltext	Lohn-anteil	LB-Nr.	Ein-heit	Preis DM	Preisspanne DM
343 *31222*	54		**Holzstützen instandsetzen Austausch bzw. Verstärkung geschädigter Partien mittels Anschuhen bzw. Verlaschen mit Metallverbindungen, Sanierung bzw. Austausch der Kopfanschlußpunkte**					
		01	Nadelholz, ohne neue Fundamente	***	016	m	**185,00**	160,00 223,00
		02	Nadelholz, Fußprofil mit Betonfund.	***	016	m	**290,00**	232,00 323,00
		03	Hartholz, ohne neue Fundamente	***	016	m	**260,00**	232,00 293,00
		04	Hartholz, Fußprofil mit Betonfund.	***	016	m	**355,00**	293,00 393,00
	55		**Stahlstützen instandsetzen Verstärkung der Stützen sowie der Kopf- und Fußanschlußpunkte, incl. notwendiger Vorarbeiten**					
		01	Walzprofile	***	017	m	**305,00**	253,00 358,00
		02	Hohlprofile	***	017	m	**240,00**	195,00 297,00

Preisstand I/95 Index 221,8 (1976 = 100)

DIN 276	AK	AA	Bauteiltext	Lohn-anteil	LB-Nr.	Ein-heit	Preis DM	Preisspanne DM
344 *31322*	01		**Wohnungseingangstüren Größe bis 2,0 m², incl. notwendiger Vorarbeiten, Ausbau und Abfuhr der alten Tür, Beiputz, Sicherheitsschloß, Türspion, Türzarge, umlaufender Fugendichtung und Beschlägen**					
		01	Normtüren, einfach, WD < 24 cm	*	902	St	**990,00**	866,00 1096,00
		02	Normtüren, einfach, WD > 24 cm	*	902	St	**1060,00**	935,00 1149,00
		03	Normtüren, gehoben, WD < 24 cm	*	902	St	**1260,00**	1115,00 1376,00
		04	Normtüren, gehoben, WD > 24 cm	*	902	St	**1300,00**	1162,00 1441,00
		11	übergroße Türen, einfach	**	902	St	**1400,00**	1228,00 1531,00
		12	übergroße Türen, gehoben	**	902	St	**1460,00**	1295,00 1588,00
		21	Überstülpzargen-Türen	**	902	St	**1680,00**	1485,00 1812,00
	02		**Türen erneuern, incl. Ausbau und Abfuhr der alten Tür, Beiputz, Schloß, Türzarge, Beschlägen, Oberflächenbehandlung und evtl. Herunterziehen der Stürze (vorhandene Öffnungen)**					
		01	Normtüren, einfach WD < 24 cm	*	902	St	**820,00**	756,00 892,00
		02	Normtüren, einfach WD > 24 cm	*	902	St	**880,00**	806,00 950,00
		03	Normtüren, gehoben WD < 24 cm	*	902	St	**990,00**	901,00 1081,00
		04	Normtüren, gehoben WD > 24 cm	*	902	St	**1060,00**	950,00 1146,00
		05	massiv, Rahmen u. Füllungen, WD < 24 cm	**	902	St	**1150,00**	1038,00 1246,00
		06	massiv, Rahmen u. Füllungen, WD > 24 cm	**	902	St	**1230,00**	1096,00 1322,00
		11	übergroße Türen, einf. WD < 24 cm	**	902	St	**1140,00**	1039,00 1246,00
		12	übergroße Türen, einf. WD > 24 cm	**	902	St	**1260,00**	1138,00 1375,00
		21	Überstülpzargen-Türen	**	902	St	**1400,00**	1248,00 1522,00

DIN 276	AK	AA	Bauteiltext	Lohn-anteil	LB-Nr.	Ein-heit	Preis DM	Preisspanne DM
344 *31322*	03		**Türen in neuen, normgroßen Öffnungen, in neuen Wänden oder neugeschaffenen Öffnungen als Normtüren, incl. Türschloß, Türzarge, Beschlägen und Oberflächenbehandlung**					
		01	einfache Ausführung, WD < 24 cm	*	902	St	**570,00**	510,00 667,00
		02	einfache Ausführung, WD > 24 cm	*	902	St	**800,00**	736,00 897,00
		03	gehobene Ausführung, WD < 24 cm	*	902	St	**940,00**	849,00 1023,00
		04	gehobene Ausführung, WD > 24 cm	*	902	St	**1050,00**	933,00 1130,00
		05	massiv, Rahmen u. Füllungen, WD < 24 cm	**	902	St	**1070,00**	930,00 1167,00
		06	massiv, Rahmen u. Füllungen, WD > 24 cm	**	902	St	**1130,00**	983,00 1223,00
	11		**Sondertüren Größe ca. 2,0 m², incl. notwendiger Vorarbeiten, Beiputz, Beschlägen, Schloß, Zarge und Oberflächenbehandlung**					
		01	feuerbeständige Türen T 90	*	902	St	**1200,00**	860,00 1432,00
		02	feuerhemmende Türen T 30	*	902	St	**600,00**	476,00 742,00
		03	feuerhemmende Türen T 30 in Stahl-Glaskonstruktion	*	902	St	**2400,00**	1450,00 2850,00
		11	Zinkaltüren	*	902	St	**330,00**	265,00 355,00
		12	Schallschutztür	*	902	St	**1750,00**	1363,00 2635,00
		13	einbruchhemmende Tür	*	902	St	**2000,00**	1763,00 3207,00
		21	Brettertüren	**	902	St	**255,00**	229,00 273,00
		22	Lattentüren	**	902	St	**105,00**	95,00 125,00
	21		**Ganzglastüren in Normgrößen, ca. 2,0 m², incl. Ausbau und Abfuhr der alten Tür, Beiputz, Beschlägen, Schloß, Türzarge, Oberflächenbehandlung**					
		01	einfache Ausführung	*	902	St	**1060,00**	937,00 1212,00
		02	gehobene Ausführung	*	902	St	**1570,00**	1397,00 1791,00

Preisstand I/95 Index 221,8 (1976 = 100)

DIN 276	AK	AA	Bauteiltext	Lohn-anteil	LB-Nr.	Ein-heit	Preis DM	Preisspanne DM
344 *31322*	51		**Wohnungseingangstüren instandsetzen, incl. notwendiger Vorarbeiten und Abdeckung**					
		01	Anstrich, beidseitig	****	034	m^2	**170,00**	122,00 150,00
		02	Abbeizen, lasierende Behandlung	****	034	m^2	**375,00**	285,00 402,00
		11	Türblatt, Zarge überarbeiten	****	034	m^2	**225,00**	180,00 307,00
	52		**Innentüren instandsetzen Größe ca. 2,0 m^2, incl. notwendiger Vorarbeiten und Abdeckungen**					
		01	Anstrich beidseitig, incl. Türzarge	****	034	St	**125,00**	106,00 137,00
		02	Abbeizen, lasierende Behandlung	****	034	St	**290,00**	263,00 323,00
		12	Drehrichtung ändern	****	027	St	**365,00**	327,00 397,00
		13	Türblatt erneuern – Normgröße	*	027	St	**240,00**	219,00 318,00
		14	Türblatt erneuern – Übergröße	**	027	St	**380,00**	342,00 411,00
		15	Türblatt kürzen	****	027	St	**49,00**	30,00 60,00
		16	Türfüllung erneuern	****	027	St	**125,00**	95,00 141,00
		17	Profilleisten erneuern	****	027	St	**61,00**	26,00 133,00
		21	Beschläge, Schloß überarbeiten	****	029	St	**105,00**	98,00 116,00
		22	Beschläge erneuern	**	029	St	**220,00**	199,00 243,00
		31	Schwelle einbauen	**	027	St	**160,00**	130,00 192,00
		32	Zarge Gummidichtung einbauen	****	027	St	**175,00**	155,00 199,00
		33	Dichtung Besen aufgeschraubt	**	027	St	**58,00**	50,00 69,00
		34	Dichtung bewegl. Lippe, eingelassen	***	027	St	**150,00**	128,00 172,00

Preisstand I/95 Index 221,8 (1976 = 100)

DIN 276	AK	AA	Bauteiltext	Lohnanteil	LB-Nr.	Einheit	Preis DM	Preisspanne DM
344 *31322*	53		**Innentüren umbauen Ausbau der vorhandenen Türen und Wiedereinbau in vorbereitete, andere Öffnungen**					
		01	Türen, incl. Futter / Bekleidung	****	027	St	**670,00**	606,00 733,00
		02	Futter / Bekleidung neu, einfach	****	027	St	**730,00**	656,00 798,00
		03	Futter / Bekleidung neu, gehoben	****	027	St	**940,00**	852,00 1033,00
	54		**Lüftungssiebe, Glasausschnitte in neuen oder vorhandenen Türen, incl. Oberflächenbehandlung**					
		01	Lüftungssiebe einbauen	***	027	St	**69,00**	57,00 85,00
		11	Glasausschnitte herstellen	****	027	St	**205,00**	161,00 243,00
	55		**Verglasung in vorhandene Glasausschnitte einsetzen, incl. notwendiger Vorarbeiten mit Kittfalz oder Glashalteleisten**					
		01	Klarglas	**	032	m^2	**92,00**	80,00 101,00
		02	einfaches Ornamentglas	*	032	m^2	**160,00**	141,00 193,00
		03	aufwendiges Ornamentglas	*	032	m^2	**220,00**	193,00 387,00

Preisstand I/95 Index 221,8 (1976 = 100)

DIN 276	AK	AA	Bauteiltext	Lohn-anteil	LB-Nr.	Ein-heit	Preis DM	Preisspanne DM
345	01		**Vorsatzschalen aus Gipswerkstoffplatten, Lehm oder Gasbeton, incl. notwendiger Vorarbeiten, Randanschlüsse, Stoßüberdeckungen, Spachtelungen und Verfugung**					
31323		01	Trockenputz auf Altputz	**	039	m²	**57,00**	50,00 63,00
		11	Verbundelement auf Altputz	**	039	m²	**67,00**	57,00 72,00
		12	Verbundelement auf Schwingschienen	**	039	m²	**120,00**	107,00 136,00
		13	F 90 Verkleidung	**	039	m²	**80,00**	70,00 95,00
		21	Ständerwand, Dämmung, Trockenputz	**	039	m²	**125,00**	108,00 136,00
		31	Leichtlehm, incl. Schalung	**	900	m²	**165,00**	152,00 178,00
		32	Leichtlehm im Spritzverfahren	***	900	m²	**125,00**	105,00 143,00
		41	Gasbeton, D = 10 cm	**	012	m²	**120,00**	107,00 133,00
	02		**Holzbekleidungen, incl. notwendiger Vorarbeiten, Unterkonstruktionen, Imprägnierung, Randanschlüsse und Oberflächenbehandlung**					
31323		01	Profilbretter, Fichte	**	027	m²	**120,00**	108,00 136,00
		02	Profilbretter, gehobene Qualität	**	027	m²	**165,00**	156,00 197,00
		11	Vertäfelungen, einfache Qualität	***	027	m²	**175,00**	143,00 233,00
		12	Vertäfelungen, gehobene Qualität	***	027	m²	**320,00**	235,00 395,00
	05		**Rohr- und Stützenverkleidungen, incl. notwendiger Vorarbeiten und Unterkonstruktionen, Spachtelung**					
31321		01	in Gipswerkstoffplatten	***	039	m²	**120,00**	103,00 130,00
		02	in feuerhemmender Ausführung	***	039	m²	**130,00**	112,00 142,00

Preisstand I/95 Index 221,8 (1976 = 100)

DIN 276	AK	AA	Bauteiltext	Lohn-anteil	LB-Nr.	Ein-heit	Preis DM	Preisspanne DM
345 *31323*	11		**Putze auf verschiedenen Untergründen, incl. notwendiger Vorarbeiten, Streckmetallüberdeckungen und Glätten der Oberfläche**					
		01	Gipsputz auf Mauerwerk	***	023	m^2	**31,00**	25,00 35,00
		02	Gipsputz, incl. Altputz abschlagen	***	023	m^2	**48,00**	43,00 56,00
		03	Kalkputz auf Mauerwerk	***	023	m^2	**42,00**	29,00 45,00
		04	Kalkputz, incl. Altputz abschlagen	***	023	m^2	**59,00**	46,00 66,00
		05	Lehmputz auf Mauerwerk	***	023	m^2	**80,00**	69,00 88,00
		06	Lehmputz, incl. Altputz abschlagen	***	023	m^2	**105,00**	91,00 111,00
		11	Ausbesserungen, Flächen bis 3,0 m^2	***	023	m^2	**65,00**	57,00 72,00
		12	Beiputz in kleinsten Flächen	***	023	m^2	**80,00**	67,00 87,00
		21	nur Gipsglätte als Feinputz	***	023	m^2	**23,00**	17,00 25,00
		35	Feinputz Marmormehl	***	023	m^2	**75,00**	76,00 93,00
	21		**Anstriche und Beschichtungen, incl. notwendiger Vorarbeiten, Abdeckungen, Entfernen vorhandener Tapeten und Anstriche, Putzreparatur**					
		01	Putzanstrich, einfache Qualität	****	034	m^2	**11,00**	9,00 13,00
		02	Putzanstrich, gehobene Qualität	***	034	m^2	**12,00**	10,00 13,00
		05	Kalkschlämme	****	034	m^2	**25,00**	17,00 26,00
		07	Silikat- / Mineralfarbe	***	034	m^2	**21,00**	13,00 26,00
		09	Ziegelanstrich, einfache Qualität	****	034	m^2	**12,00**	10,00 13,00
		11	Anstrich auf Rauhfaser	****	034	m^2	**7,00**	6,00 9,00
		21	deckender Anstrich von Holzteilen	***	034	m^2	**16,00**	13,00 31,00
		22	lasierender Anstrich von Holzteilen	***	034	m^2	**12,00**	12,00 21,00
		31	Buntsteinputz / Kunststoffrollputz	****	034	m^2	**32,00**	19,00 38,00

Preisstand I/95 Index 221,8 (1976 = 100)

DIN 276	AK	AA	Bauteiltext	Lohn-anteil	LB-Nr.	Ein-heit	Preis DM	Preisspanne DM
345 *31323*	23		**Tapeten, incl. notwendiger Vorarbeiten, Abdeckungen, entfernen vorhandener Tapeten und Anstriche, ohne Putzreparatur**					
		01	Rauhfaser mit Anstrich	****	037	m²	**17,00**	13,00 20,00
		02	Textil-/Grastapete	***	037	m²	**28,00**	23,00 33,00
		03	Korktapete	***	037	m²	**33,00**	23,00 37,00
		11	Tapete, Rollenpreis ca. 10,00 DM	****	037	m²	**13,00**	11,00 17,00
		12	Tapete, Rollenpreis ca. 15,00 DM	***	037	m²	**17,00**	15,00 18,00
		13	Tapete, Rollenpreis ca. 30,00 DM	***	037	m²	**22,00**	21,00 26,00
		21	Vinyltapete, Rollenpreis ca. 15,00 DM	****	037	m²	**17,00**	15,00 19,00
		22	Vinyltapete, Rollenpreis ca. 25,00 DM	***	037	m²	**22,00**	20,00 26,00
		23	Vinyltapete, Rollenpreis ca. 40,00 DM	***	037	m²	**31,00**	27,00 35,00
		31	Glasfasertapete und Anstrich	***	037	m²	**63,00**	60,00 76,00
	41		**Wandfliesen, incl. notwendiger Vorarbeiten, Verfugungen und dauerelastischer Fugenabdichtungen**					
		01	geklebt, Fliesenpreis ca. 20 DM/m²	***	024	m²	**165,00**	142,00 178,00
		02	geklebt, Fliesenpreis ca. 35 DM/m²	***	024	m²	**185,00**	163,00 200,00
		03	geklebt, Fliesenpreis ca. 50 DM/m²	***	024	m²	**210,00**	186,00 221,00
		11	Mörtelbett, Fliesenpr. ca. 20 DM/m²	***	024	m²	**175,00**	156,00 193,00
		12	Mörtelbett, Fliesenpr. ca. 35 DM/m²	***	024	m²	**205,00**	178,00 215,00
		13	Mörtelbett, Fliesenpr. ca. 50 DM/m²	***	024	m²	**220,00**	200,00 236,00
		21	Mörtelbett, 20 DM/m², Putz abschl.	***	024	m²	**205,00**	179,00 215,00
		22	Mörtelbett, 35 DM/m², Putz abschl.	***	024	m²	**220,00**	200,00 235,00
		23	Mörtelbett, 50 DM/m², Putz abschl.	***	024	m²	**245,00**	221,00 257,00

Preisstand I/95 Index 221,8 (1976 = 100)

DIN 276	AK	AA	Bauteiltext	Lohn-anteil	LB-Nr.	Ein-heit	Preis DM	Preisspanne DM
345 *31323*	51		**Wandoberfläche instandsetzen, incl. notwendiger Vorarbeiten, Schuttabfuhr und Abdeckungen**					
		01	einlagige Tapeten abziehen	****	037	m^2	**5,00**	3,00 6,00
		02	mehrlagige Tapeten abziehen	****	037	m^2	**7,00**	6,00 8,00
		11	Sichtmauerwerk dampfstrahlen	****	034	m^2	**18,00**	11,00 23,00
		12	Sichtmauerwerk sandstrahlen	****	034	m^2	**32,00**	23,00 38,00
		21	Fliesen abschlagen	***	024	m^2	**31,00**	27,00 33,00
		22	Putz abschlagen	***	023	m^2	**25,00**	17,00 29,00
		31	Ölanstrich abbeizen	****	034	m^2	**31,00**	23,00 36,00
	53		**Holzbekleidungen instandsetzen, incl. Aus- und Wiedereinbau, Reparatur geschädigter Unterkonstruktion, Imprägnierung, Randanschlüsse und Oberflächenbehandlung**					
		01	Profilbretter, gehobene Qualität	****	027	m^2	**205,00**	176,00 241,00
		11	Vertäfelung, einfache Qualität	****	027	m^2	**205,00**	158,00 283,00
		12	Vertäfelung, gehobene Qualität	****	027	m^2	**340,00**	262,00 422,00

Preisstand I/95 Index 221,8 (1976 = 100)

DIN 276	AK	AA	Bauteiltext	Lohn-anteil	LB-Nr.	Ein-heit	Preis DM	Preisspanne DM
346 *31321*	01		**Trennwände für Abteilungen im Sanitärbereich und Abstellräume in Dach und Keller, incl. Befestigungen**					
		01	Lattenwände, Höhe bis 3 m	**	027	m^2	**58,00**	47,00 63,00
		02	Abtrennungen Sanitär-Kabinen	**	039	m^2	**180,00**	138,00 276,00
	11		**Faltwandelement (Sonderkonstruktion) Mobile Raumtrennung aus faltbaren Einzelelementen (Deckenschiene), incl. Montage und Befestigungen**					
		01	Kunststoff gedämmt	*	027	m^2	**190,00**	150,00 266,00
		03	Metall-Lamellen, gedämmt	*	027	m^2	**325,00**	276,00 435,00
		04	Holz-Lamellen, gedämmt	*	027	m^2	**290,00**	237,00 410,00
	21		**Brandschutz-Abtrennungen von Treppenräumen, Fluchtwegen, notwendigen Fluren usw. incl. Vorarbeiten, Bauwerksanschlüssen, Montage und Oberflächenbehandlung**					
		01	Stahl-Glas, F 30	*	031	m^2	**1800,00**	1600,00 2400,00

Preisstand I/95 Index 221,8 (1976 = 100)

DIN 276	AK	AA	Bauteiltext	Lohn-anteil	LB-Nr.	Ein-heit	Preis DM	Preisspanne DM
351 *31231*	01		**Massivdecken, incl. Schalung und Bewehrung, Stemmen der Auflager**					
		01	Plattendecken, D = bis 14 cm	**	013	m²	**175,00**	156,00 186,00
		02	Plattendecken, D = 14 – 18 cm	**	013	m²	**215,00**	186,00 236,00
		11	Hohlkörperdecken, Spannweite < 3 m	**	013	m²	**140,00**	122,00 159,00
		12	Hohlkörperdecken, Spannweite 3 – 5 m	**	013	m²	**165,00**	139,00 186,00
	11		**Holzbalkendecken, incl. Stemmen der Auflager, notwendiger Vorarbeiten und Holzimprägnierung**					
		01	Balkenlage, L < 3 m	**	016	m²	**135,00**	113,00 137,00
		02	Balkenlage, L = 3 – 5 m	**	016	m²	**135,00**	125,00 151,00
		03	sichtbare Balkenlage, gehobelt, L < 3 m	**	016	m²	**140,00**	129,00 161,00
		04	sichtbare Balkenlage, gehobelt, L = 3 – 5 m	**	016	m²	**155,00**	145,00 173,00
		11	Balken, Dielung od. Spanplatte, L < 3 m	**	016	m²	**175,00**	163,00 192,00
		12	Balken, Dielung od. Spanplatte, L = 3 – 5 m	**	016	m²	**205,00**	185,00 229,00
		21	Balken, Dielung od. Spanplatte, Sandfüllung L < 3 m	***	016	m²	**225,00**	200,00 250,00
		22	Balken, Dielung od. Spanplatte, Sandfüllung L = 3 – 5 m	***	016	m²	**240,00**	213,00 263,00
	12		**Ziegel-Holzbalkendecke aus Ziegelhohlkörpern, Balken incl. angenagelter Holzlatte, einachsige Lastabtragung, incl. Stemmen der Auflager und notwendiger Vorarbeiten**					
		01	Unterseite sichtbar, L < 4,5 m	***	016	m²	**220,00**	193,00 232,00
		02	Unterseite sichtbar, L < 6 m	***	016	m²	**245,00**	213,00 262,00
		11	Unters. für Verputz vorber., L < 4,5 m	***	016	m²	**205,00**	182,00 201,00
		12	Unters. für Verputz vorber., L < 6 m	***	016	m²	**220,00**	201,00 241,00

Preisstand I/95 Index 221,8 (1976 = 100)

DIN 276	AK	AA	Bauteiltext	Lohn-anteil	LB-Nr.	Ein-heit	Preis DM	Preisspanne DM
351	15		**Schalldämmende Schichten in Holzbalkendecken, D = 4 – 6 cm, incl. notwendiger Vorarbeiten, Blindböden und Auflagerungen**					
31333		01	Sand- / Schlackenfüllungen	***	039	m²	**33,00**	29,00 38,00
		02	Schwerlehmfüllungen	***	900	m²	**61,00**	47,00 66,00
		05	Betonplatten, 4 – 6 cm stark	***	039	m²	**52,00**	47,00 57,00
	25		**Holzgeschoßtreppen-Stufen mit Setzstufen Breite bis 1,10 m, in Hartholz, als Wangentreppen mit eingestemmten Stufen, incl. Oberflächenbehandlung, ohne Geländer**					
31232		01	gerade Stufe	**	027	St	**455,00**	383,00 518,00
		02	gewendelte Stufe	**	027	St	**570,00**	518,00 657,00
		03	Podest, Tiefe bis 1,20 m	**	027	St	**1080,00**	1010,00 1213,00
	26		**Holztreppen-Stufen ohne Setzstufen Breite bis 1,00 m, für Galerien und als Kellertreppen, als Wangentreppen mit eingestemmten Stufen, incl. Oberflächenbehandlung, ohne Geländer**					
31232		01	Hartholz, gerade Stufe	**	027	St	**410,00**	363,00 463,00
		02	Hartholz, gewendelte Stufe	**	027	St	**550,00**	471,00 607,00
		05	Hartholz, Podest, Tiefe bis 1,20 m	**	027	St	**1060,00**	989,00 1131,00
		11	Weichholz, gerade Stufe	**	027	St	**385,00**	336,00 426,00
		12	Weichholz, gewendelte Stufe	**	027	St	**510,00**	470,00 565,00
		15	Weichholz, Podest, Tiefe bis 1,20 m	**	027	St	**980,00**	918,00 1057,00

Preisstand I/95 Index 221,8 (1976 = 100)

DIN 276	AK	AA	Bauteiltext	Lohn-anteil	LB-Nr.	Ein-heit	Preis DM	Preisspanne DM
351 *31232*	31		**Stahl-Holzgeschoßtreppen-Stufen Holztrittstufen ohne Setzstufen, aufgesattelt auf Stahl- oder Holz-konstruktion, incl. Oberflächenbehandlung, ohne Geländer**					
		01	gerade Stufe	**	031	St	**405,00**	350,00 471,00
		02	gewendelte Stufe	**	031	St	**610,00**	549,00 679,00
		03	Podest, Tiefe bis 1,20 m	**	031	St	**960,00**	882,00 1050,00
	34		**Spindeltreppen-Stufen als Geschoßverbindung innerhalb von Wohnungen, mit Mittelstütze und freitragenden Stufen, incl. Oberflächenbehandlung, ohne Geländer**					
		01	Holzst., Stahlkonstrukt., L = 75 cm	**	031	St	**400,00**	370,00 438,00
		02	Holzst., Stahlkonstrukt., L = 100 cm	**	031	St	**470,00**	437,00 505,00
		11	Holzst., Holzkonstrukt., L = 75 cm	**	027	St	**530,00**	471,00 606,00
		12	Holzst., Holzkonstrukt., L = 100 cm	**	027	St	**610,00**	539,00 672,00
	37		**Raumspartreppen-Stufen als Geschoßverbindung innerhalb von Wohnungen, Holztrittstufen mit versetztem Auftritt, ohne Setz-stufen, aufgesattelt auf Stahlkon-struktion oder als Wangentreppe, incl. Oberflächenbehandlung, ohne Geländer**					
		01	Holz	**	027	St	**220,00**	196,00 270,00
		02	Stahl	**	031	St	**280,00**	265,00 320,00

Preisstand I/95 Index 221,8 (1976 = 100)

350 Decken und Treppen

DIN 276	AK	AA	Bauteiltext	Lohn-anteil	LB-Nr.	Ein-heit	Preis DM	Preisspanne DM
351 *31232*	40		**Stahltreppen-Stufen Breite bis 1,00 m, als Wangentreppen mit eingeschobenen Stufen aus Gitterrosten, Tränen- oder Riffelblech, als Auftritt, ohne Setzstufen, incl. Oberflächenbehandlung, ohne Geländer**					
		01	Gitterrost, gerade Stufe	**	031	St	**335,00**	296,00 377,00
		02	Gitterrost, gewendelte Stufe	**	031	St	**550,00**	505,00 607,00
		03	Gitterrost, Podest bis 1,00 m	**	031	St	**1080,00**	896,00 1233,00
		11	Tränenblech, gerade Stufe	**	031	St	**415,00**	381,00 457,00
		12	Tränenblech, gewendelte Stufe	**	031	St	**650,00**	608,00 716,00
		13	Tränenblech, Podest, Tiefe bis 1,00 m	**	031	St	**990,00**	857,00 1095,00
	43		**Betontreppen-Stufen, incl. Laufplatte, Schalung und Bewehrung, Stemmen der Auflager, Beiputz an Wänden und Schuttabfuhr, ohne Geländer**					
		01	gerade Stufe, B = 1,20 m	**	013	St	**335,00**	296,00 377,00
		02	gewendelte Stufe, B = 1,20 m	**	013	St	**550,00**	505,00 607,00
		03	Podest, Tiefe bis 1,20 m	**	013	St	**810,00**	746,00 879,00
		05	gerade Stufe, B = 1,50 m	**	013	St	**410,00**	375,00 448,00
		06	gewendelte Stufe, B = 1,50 m	**	013	St	**660,00**	600,00 702,00
		07	Podest, Tiefe bis 1,50 m	**	013	St	**990,00**	855,00 1096,00

Preisstand I/95 Index 221,8 (1976 = 100)

DIN 276	AK	AA	Bauteiltext	Lohn-anteil	LB-Nr.	Ein-heit	Preis DM	Preisspanne DM
351 *31231*	51		**Sanierung geschädigter Holzbalken von Fäulnis, Pilzen oder Holzschädlingen befallene Holzkonstruktionen freilegen und chemisch behandeln, incl. aller Vorarbeiten, Schutzmaßnahmen und Schuttabfuhr, sowie Verbrennen ausgebauter Hölzer und Späne**					
		01	Holz abbürsten, abhobeln	****	016	m²	**13,00**	10,00 16,00
		02	Holz abbeilen, abflammen	****	016	m²	**25,00**	20,00 33,00
		11	Holz imprägnieren, streichen/spritzen	****	016	m²	**40,00**	37,00 52,00
		12	Holz imprägnieren, Bohrlochtränkung	****	016	m²	**68,00**	63,00 86,00
	54		**Holzbalken instandsetzen durch Sanierung der Balken, incl. Freilegen, Schuttabfuhr, Beiputz an Wänden und Decke, Einpassen von Spanplatten als Oberbelag und Ergänzen der Fußleisten**					
		01	Balkenköpfe, Stahlprofil anlaschen, L <1,5 m	***	016	St	**770,00**	712,00 788,00
		02	Balkenköpfe, 2 Bohlen anlaschen, L < 1,5 m	***	016	St	**770,00**	683,00 798,00
		03	Balkenköpfe, Kunstharzprothese	***	016	St	**820,00**	741,00 855,00
		04	Balkenköpfe, Wechsel anbringen	***	016	St	**670,00**	606,00 741,00
		11	Balken, 2 Bohlen anlaschen, L < 3 m	***	016	St	**840,00**	783,00 912,00
		12	Balken, Stahlprofil anlaschen, L < 3 m	***	016	St	**840,00**	741,00 883,00
		21	Balken austauschen, L < 3 m	***	016	St	**840,00**	783,00 927,00
		22	Balken austauschen, L = 3–5 m	***	016	St	**1020,00**	955,00 1203,00
		31	Stahlträger einlegen, L = 3–5 m	***	016	St	**105,00**	1070,00 1255,00

Preisstand I/95 Index 221,8 (1976 = 100)

DIN 276	AK	AA	Bauteiltext	Lohn-anteil	LB-Nr.	Ein-heit	Preis DM	Preisspanne DM
351 *31231*	57		**Reparatur von Holzbalkendecken partielle Freilegung, Abbeilen bzw. Austausch geschädigter Holzteile, Verstärkung geschwächter Hölzer und Auflager, Beiarbeiten von Deckenunterseiten und Oberbelägen**					
		01	Balkendecke, glatt	***	016	m²	**240,00**	213,00 262,00
		02	sichtbare Balkenlage, verputzt	***	016	m²	**285,00**	246,00 301,00
		03	sichtbare Balkenlage, einfache Dekors	***	016	m²	**320,00**	275,00 352,00
		04	sichtbare Balkenlage, aufwen. Dekors	***	016	m²	**390,00**	345,00 426,00
	60		**Massivdecken instandsetzen Sanierung von Material und Armierung mittels Freilegung, Reinigung und chem. Behandlung, incl. Notabstützungen, Estrichreparatur und Deckenbeiputz**					
		01	Stahlbetondecke	***	013	m²	**380,00**	330,00 419,00
		02	Plattendecke	***	013	m²	**410,00**	360,00 456,00
		03	Hohlkörperdecke	***	013	m²	**355,00**	312,00 390,00
		04	Kappendecke	***	012	m²	**235,00**	203,00 259,00
	63		**Betondecken instandsetzen zur Sicherung der Tragfähigkeit, incl. Vorarbeiten, Schutzmaßnahmen, Vorbehandlungen und Schuttabfuhr**					
		01	Löcher, Risse schließen	***	013	m²	**33,00**	23,00 47,00
		02	Bewehrung freilegen, Rostschutz	***	013	m²	**42,00**	27,00 52,00
		03	Abplatzungen, Reparaturmörtel	***	013	m²	**72,00**	61,00 97,00
		04	Spezial – Schlußbeschichtung	***	013	m²	**41,00**	28,00 50,00

Preisstand I/95 Index 221,8 (1976 = 100)

DIN 276	AK	AA	Bauteiltext	Lohn-anteil	LB-Nr.	Ein-heit	Preis DM	Preisspanne DM
351 *31231*	66		**Durchbrüche in Decken herstellen Größe bis 0,10 m² durch sauberes Einschneiden für Rohrleitungen, incl. späterem Schließen und Schuttabfuhr**					
		01	Stahlbeton, D bis 16 cm	****	949	St	**175,00**	157,00 200,00
		02	Hohlkörperdecken, D = ca. 25 cm	****	949	St	**150,00**	129,00 171,00
		11	Ziegelkappendecken, D = 15 – 30 cm	****	949	St	**205,00**	171,00 222,00
		12	Holzbalkendecken, D bis 25 cm	****	949	St	**135,00**	110,00 165,00
		14	Gewölbedecken	****	949	St	**320,00**	278,00 347,00
	69		**Öffnungen in Decken herstellen incl. notwendiger Auswechselungen und Abstützungen, Beiarbeiten der Schnittflächen und Schuttabfuhr**					
		01	Stahlbeton, D < 16 cm	***	012	m²	**580,00**	286,00 712,00
		02	Hohlkörperdecken, D < 25 cm	***	012	m²	**470,00**	406,00 673,00
		11	Ziegelkappendecken, D = 15 – 30 cm	***	012	m²	**640,00**	285,00 783,00
		21	Holzbalkendecken, D < 30 cm	***	016	m²	**400,00**	337,00 470,00
	72		**Abfangung von Decken durch Unterzüge, incl. Stemmen der erforderlichen Auflager, Schuttabfuhr, Notabstützungen und Schutzvorrichtungen**					
		01	Stahlbeton, Q < 500 cm²	***	013	m	**680,00**	566,00 802,00
		02	Stahlbeton, Q = 500 – 1000 cm²	***	013	m	**800,00**	683,00 919,00
		11	Stahlträger, bis IPBL 160	***	016	m	**400,00**	347,00 470,00
		12	Stahlträger, bis IPBL 240	***	016	m	**580,00**	470,00 683,00
		21	Holzbalken, Q < 300 cm²	***	016	m	**275,00**	235,00 305,00
		22	Holzbalken, Q < 500 cm²	***	016	m	**340,00**	305,00 401,00
		23	Leimholzträger, Q = 400 – 600 cm²	***	016	m	**400,00**	337,00 533,00

Preisstand I/95 Index 221,8 (1976 = 100)

DIN 276	AK	AA	Bauteiltext	Lohn-anteil	LB-Nr.	Ein-heit	Preis DM	Preisspanne DM
351 *31232*	75		**Holzgeschoßtreppen instandsetzen, Breite bis 1,10 m, als Wangen-treppen, incl. Ausbauarbeiten, Schuttab-fuhr, Beiputz Treppenunterseiten und Wände, Oberflächenbe-handlung**					
		01	gerade Stufen erneuern	***	027	St	**320,00**	296,00 377,00
		02	gewendelte Stufen erneuern	***	027	St	**460,00**	433,00 506,00
		03	Podeste erneuern, Tiefe bis 1,20	***	027	St	**800,00**	745,00 860,00
		11	freie Wangen verstärken, L < 2 m	***	027	St	**800,00**	449,00 549,00
		12	freie Wangen verstärken, L = 2 – 5 m	***	027	St	**530,00**	529,00 653,00
		21	Treppenfuß abschneiden u. erneuern	***	027	St	**680,00**	577,00 802,00
	78		**Holztreppen instandsetzen ohne Setzstufen, Breite bis 1,00 m, als Wangentreppen mit einge-stemmten Stufen, incl. Ausbau, Schuttabfuhr und Oberflächenbehandlung**					
		01	gerade Stufen erneuern	***	027	St	**255,00**	222,00 292,00
		02	gewendelte Stufen erneuern	***	027	St	**380,00**	329,00 398,00
		03	Podeste erneuern, Tiefe bis 1,20 m	***	027	St	**780,00**	721,00 853,00
		11	Freiwangen verstärken, L < 2 m	***	027	St	**495,00**	443,00 561,00
		12	Freiwangen verstärken, L = 2 – 5 m	***	027	St	**590,00**	523,00 711,00
		15	Treppenfuß abschneiden/erneuern	***	027	St	**610,00**	492,00 727,00

Preisstand I/95 Index 221,8 (1976 = 100)

DIN 276	AK	AA	Bauteiltext	Lohn-anteil	LB-Nr.	Ein-heit	Preis DM	Preisspanne DM
352 *31331*	01		**Estriche auf Rohdecken oder vorhandenen Unterkonstruktionen, incl. notwendiger Vorarbeiten und Randabschlüsse**					
		01	Verbundestrich, glatter Untergrund	*	025	m²	**28,00**	26,00 31,00
		02	Verbundestrich, unebener Untergr.	*	025	m²	**33,00**	30,00 38,00
		03	zusätzliche Verschleißschicht	*	025	m²	**23,00**	18,00 27,00
		05	Gefälleestrich	*	025	m²	**31,00**	28,00 37,00
		11	Gußasphalt, glatter Untergrund	*	026	m²	**49,00**	43,00 53,00
		12	Gußasphalt, unebener Untergrund	*	026	m²	**56,00**	48,00 63,00
		13	Gußasphalt, incl. Dämmung	*	026	m²	**59,00**	51,00 65,00
		35	schwimmender Estrich, incl. Dämmung	*	025	m²	**58,00**	48,00 63,00

Preisstand I/95 Index 221,8 (1976 = 100)

DIN 276	AK	AA	Bauteiltext	Lohn-anteil	LB-Nr.	Ein-heit	Preis DM	Preisspanne DM
352 *31331*	03		**Trockenestrichelemente auf Rohdecken oder vorhandenen Unterkonstruktionen, incl. notwendiger Vorarbeiten und Randabschlüssen**					
		01	Spanplatten, D < 16 mm	**	027	m²	**33,00**	30,00 37,00
		02	Spanplatten, D < 25 mm	**	027	m²	**38,00**	33,00 43,00
		03	Spanpl., zementgebund., D < 16 mm	**	027	m²	**43,00**	38,00 48,00
		04	Spanpl., zementgebund., D < 25 mm	**	027	m²	**51,00**	46,00 55,00
		11	Spanplatten, Lagerhölzer, Dämmung	**	027	m²	**68,00**	57,00 73,00
		12	Spanplatten, Dämmung	**	027	m²	**76,00**	62,00 83,00
		13	Hart-/Weichfaserverbundplatten, D = 20 mm	**	027	m²	**86,00**	80,00 92,00
		14	Hart-/Weichfaserverbundplatten, D = 30 mm	**	027	m²	**92,00**	87,00 97,00
		15	Spanplattenverbundelemente	**	027	m²	**82,00**	72,00 96,00
		21	GK/Gipsfaser-Elemente, D = 20 mm	**	039	m²	**67,00**	62,00 80,00
		22	GK/Gipsfaser-Verbundelemente, D = 50 mm	**	039	m²	**89,00**	77,00 93,00
		31	Ziegelestrichplatten	**	039	m²	**105,00**	91,00 123,00
		32	Ziegelestrichplatten mit Dämmung	**	039	m²	**125,00**	107,00 143,00
		41	Schüttung (Niveauausgl., ca. 20 mm)	*	039	m²	**18,00**	13,00 21,00
		51	Installations-Doppelboden	**	039	m²	**275,00**	192,00 298,00

Preisstand I/95 Index 221,8 (1976 = 100)

DIN 276	AK	AA	Bauteiltext	Lohn-anteil	LB-Nr.	Ein-heit	Preis DM	Preisspanne DM
352 *31331*	05		**Balkonbeläge, incl. notwendiger Vorarbeiten, Randabschlüssen und Glätten des Untergrundes**					
31331		01	Abklebung, Verbundestrich	**	025	m²	**110,00**	95,00 125,00
		02	Abklebung, schwimmender Estrich	**	025	m²	**150,00**	127,00 169,00
		11	Abdichtung, Stelzlager, Waschbetonpl.	**	024	m²	**170,00**	150,00 187,00
		21	Fliesen, Materialpreis ca. 40 DM/m²	***	024	m²	**165,00**	143,00 181,00
		22	Mosaik, Materialpreis ca. 40 DM/m²	***	024	m²	**190,00**	157,00 216,00
		31	Kunststoff-Beschichtungen	***	034	m²	**45,00**	38,00 51,00
		41	Abdichtung, Holzroste	**	027	m²	**150,00**	118,00 169,00
	07		**Abdichtung von Fußböden in Badezimmern auf Holzbalkendecken oberhalb der Dielung, incl. notwendiger Vorarbeiten, Randanschlüsse u.s.w.**					
		01	Kunststoffolie	**	018	m²	**67,00**	55,00 71,00
		02	Schweißbahn	**	018	m²	**49,00**	40,00 57,00
	11		**Dielungen auf Rohdecken oder vorhandenen Unterkonstruktionen, incl. notwendiger Vorarbeiten und Randanschlüssen**					
		01	Holzdielung, Lagerhölzer, Dämmung	**	027	m²	**120,00**	95,00 131,00
		02	Dielung auf vorh. Unterkonstruktion	**	027	m²	**43,00**	36,00 50,00

Preisstand I/95 Index 221,8 (1976 = 100)

DIN 276	AK	AA	Bauteiltext	Lohn-anteil	LB-Nr.	Ein-heit	Preis DM	Preisspanne DM
352 *31331*	12		**Oberbeläge auf vorhandener Unterkonstruktion, incl. notwendiger Vorarbeiten und Randanschlüssen**					
		01	Bodenfliesen, Fliesenpr. ca. 30 DM/m²	***	024	m²	**125,00**	109,00 139,00
		02	Bodenfliesen, Fliesenpr. ca. 50 DM/m²	***	024	m²	**140,00**	123,00 149,00
		03	Bodenfliesen, Fliesenpr. ca. 75 DM/m²	***	024	m²	**170,00**	149,00 193,00
		06	Mittelmosaik, Fliesenpr. ca. 40 DM/m²	***	024	m²	**155,00**	141,00 178,00
		11	Parkett, einfache Ausführung	**	028	m²	**61,00**	52,00 72,00
		12	Parkett, gehobene Ausführung	**	028	m²	**100,00**	73,00 120,00
		21	PVC, Materialpreis ca. 25 DM/m²	*	036	m²	**55,00**	47,00 59,00
		22	PVC, Materialpreis ca. 35 DM/m²	*	036	m²	**69,00**	60,00 73,00
		23	PVC, unterschäumt, ca. 45 DM/m²	*	036	m²	**88,00**	78,00 99,00
		25	Linoleum, bis 2,5 mm	*	036	m²	**59,00**	51,00 70,00
		26	Linoleum, 3 – 4 mm	*	036	m²	**75,00**	66,00 92,00
		29	Korkparkett, gewachst	*	036	m²	**83,00**	59,00 90,00
		31	Teppichbd., Materialpr. ca. 30 DM/m²	*	036	m²	**57,00**	51,00 63,00
		32	Teppichbd., Materialpr. ca. 60 DM/m²	*	036	m²	**78,00**	69,00 85,00
		41	Noppengummi, Mat.pr. ca. 50 DM/m²	*	036	m²	**97,00**	88,00 108,00
		42	Noppengummi, Mat.pr. ca. 75 DM/m²	*	036	m²	**110,00**	100,00 123,00
		51	Natursteinbelag, Mat.pr. ca. 75 DM/m²	***	014	m²	**190,00**	166,00 237,00
		52	Natursteinbelag, Mat.pr. ca.125 DM/m²	***	014	m²	**285,00**	240,00 342,00

Preisstand I/95 Index 221,8 (1976 = 100)

DIN 276	AK	AA	Bauteiltext	Lohn-anteil	LB-Nr.	Ein-heit	Preis DM	Preisspanne DM
352 *31331*	13		**Anstriche und Beschichtungen, incl. notwendiger Vorarbeiten, Vorbereitung des Untergrundes und Abdeckungen**					
		01	deckender Anstrich von Dielungen	****	034	m²	**11,00**	10,00 13,00
		02	Versiegeln von Dielungen/Parkett	***	028	m²	**19,00**	15,00 26,00
		03	Ölen/Wachsen von Dielungen/Parkett	****	034	m²	**15,00**	10,00 21,00
		11	Anstr. von Estrichbelägen (Dispersion)	***	034	m²	**17,00**	15,00 20,00
		12	Anstr. von Estrichbelägen (Kunststoff)	***	034	m²	**27,00**	23,00 31,00
		13	Kunststoffbeschichtung von Estrichen	***	034	m²	**58,00**	50,00 65,00
		21	Wachsen von Korkparkett	****	036	m²	**19,00**	13,00 25,00
	15		**Fußleisten, incl. notwendiger Vorarbeiten, Beiputz und Oberflächenbehandlung**					
		01	Kunststoff-Fertigprofile	**	036	m	**10,00**	8,00 11,00
		12	Holzfußleisten, 6 cm, glatt	**	027	m	**22,00**	20,00 25,00
		13	Holzfußleisten, 10 – 12 cm, glatt	**	027	m	**30,00**	25,00 33,00
		14	Holzfußleisten, profiliert	**	027	m	**43,00**	37,00 48,00
		21	Naturstein oder Fliesen, 6 cm	***	024	m	**33,00**	27,00 53,00
		31	Fußleisten für Kabelverlegung	**	036	m	**33,00**	29,00 38,00
		32	Fußleisten für Rohrverlegung	**	027	m	**40,00**	32,00 43,00
		51	Teilstücke erneuern	***	027	m	**42,00**	35,00 50,00
		52	Teilstücke, vorhanden, einpassen	****	027	m	**22,00**	18,00 28,00
		53	Fußleisten ausbauen/wiedereinbauen	****	027	m	**33,00**	27,00 36,00
		54	Fußleisten anstreichen	****	034	m	**4,00**	3,00 6,00

Preisstand I/95 Index 221,8 (1976 = 100)

DIN 276	AK	AA	Bauteiltext	Lohn-anteil	LB-Nr.	Ein-heit	Preis DM	Preisspanne DM
352 *31332*	25		**Treppenoberbeläge Treppenstufen, Auftritt ca. 30,0 cm, Breite bis 1,20 m, incl. notwendiger Vorarbeiten, Abdeckungen, Oberflächenbehandlung u. Kanteneckprofilen**					
		01	Spachtelung, PVC, Trittstufe	*	036	St	**55,00**	43,00 63,00
		02	Spachtelung, PVC, Tritt-/Setzstufe	*	036	St	**72,00**	57,00 85,00
		03	Spachtelung, Noppengummi, Trittstufe	*	036	St	**96,00**	85,00 107,00
		04	Spachtelung, Noppeng., Tritt-/Setzst.	*	036	St	**110,00**	100,00 128,00
		05	Spachtelung, Teppich, Trittstufe	*	036	St	**55,00**	43,00 63,00
		06	Spachtelung, Teppich,Tritt-/Setzst.	*	036	St	**72,00**	57,00 85,00
		11	Holzstufe neu aufsetzen, Trittstufe	**	027	St	**345,00**	300,00 391,00
		12	Holzstufe neu aufsetzen, Tritt-/Setzst.	**	027	St	**450,00**	360,00 513,00
		21	Verbundestriche, Tritt-/Setzstufe	*	025	St	**78,00**	70,00 85,00
		31	Terrazzobeläge, Tritt-/Setzstufe	***	024	St	**240,00**	185,00 282,00
		41	Plattenbeläge, Trittstufe	***	024	St	**105,00**	85,00 113,00
		42	Plattenbeläge, Tritt-/Setzstufe	***	024	St	**140,00**	123,00 161,00
		51	Natursteinbeläge, Trittstufe	***	014	St	**110,00**	95,00 140,00
		52	Natursteinbeläge, Tritt-/Setzstufe	***	014	St	**175,00**	150,00 213,00
		61	Podest, Natursteinbelag (ca. 1 m^2)	***	014	St	**290,00**	251,00 362,00
		62	Podest, Holzdielung (ca. 1 m^2)	**	027	St	**130,00**	103,00 147,00
		63	Podest, Plattenbelag (ca. 1 m^2)	***	024	St	**155,00**	141,00 179,00

Preisstand I/95 Index 221,8 (1976 = 100)

DIN 276	AK	AA	Bauteiltext	Lohn-anteil	LB-Nr.	Ein-heit	Preis DM	Preisspanne DM
352 *31331*	51		**Bodenbeläge instandsetzen, incl. notwendiger Vorarbeiten und Abdeckungen**					
		01	deckender Anstrich von Dielungen	****	034	m²	**11,00**	10,00 13,00
		02	Nachschrauben/Anstr. von Dielungen	****	034	m²	**22,00**	18,00 23,00
		03	Abschleifen/Versiegeln v. Dielungen	****	028	m²	**43,00**	38,00 47,00
		04	Abschleifen / Ölen von Dielungen	****	028	m²	**35,00**	30,00 41,00
		21	Dielung einpassen, bis 5,0 m²	***	027	m²	**90,00**	78,00 93,00
		22	Spanplatten einpassen, bis 5,0 m²	***	027	m²	**48,00**	42,00 52,00
		31	Bodenbeläge glatt spachteln	****	025	m²	**5,00**	5,00 6,00
		32	Unebenheiten, Löcher ausfüllen	****	025	m²	**8,00**	7,00 10,00
		33	Überziehen von Estrichbelägen	****	025	m²	**33,00**	29,00 36,00
		41	Nachfugen von Bodenplatten	****	024	m²	**8,00**	7,00 10,00
		42	Reinigen von Bodenplatten	****	024	m²	**5,00**	5,00 6,00
		43	einzelne Platten erneuern	***	024	m²	**43,00**	63,00 116,00
		45	Risse schließen	****	024	m²	**12,00**	9,00 16,00
	52		**Wiedereinbau Oberbeläge sichergestellt und gelagert, incl. Vorarbeiten, Verlegung entsprechend Codierung, Verfugung und Randanschlüsse**					
		01	Natursteine	****	014	m²	**145,00**	83,00 210,00
		02	Keramikplatten	****	024	m²	**105,00**	72,00 150,00
		03	Holzparkett	****	028	m²	**230,00**	195,00 283,00

Preisstand I/95 Index 221,8 (1976 = 100)

DIN 276	AK	AA	Bauteiltext	Lohn-anteil	LB-Nr.	Ein-heit	Preis DM	Preisspanne DM
352 *31332*	75		**Treppenoberbeläge instandsetzen Treppenstufen, Auftritt ca. 30,0 cm, Breite bis 1,20 m, incl. notwendiger Vorarbeiten, Abdeckungen, Oberflächenbehandlung, anteilig Treppenwangen**					
		01	deckender Anstrich, Holzstufe	****	034	St	**17,00**	15,00 20,00
		02	Abschleifen, Versiegeln, Holzstufe	****	034	St	**36,00**	32,00 40,00
		11	Nachschrauben der Stufen	****	027	St	**17,00**	15,00 20,00
		12	Stufen anheben, unterkeilen	****	027	St	**26,00**	23,00 30,00
		13	neue Setzstufe vorsetzen	***	027	St	**41,00**	37,00 46,00
		21	Estrich überziehen	**	025	St	**56,00**	50,00 60,00
		31	Plattenbeläge nachfugen	****	024	St	**17,00**	15,00 20,00
		32	einzelne Platten auswechseln	***	024	St	**36,00**	32,00 40,00
		33	Natursteinstufen beiarbeiten	****	014	St	**57,00**	50,00 63,00
		34	Natursteinstufen nachfugen	****	014	St	**29,00**	25,00 36,00

Preisstand I/95 Index 221,8 (1976 = 100)

DIN 276	AK	AA	Bauteiltext	Lohn-anteil	LB-Nr.	Ein-heit	Preis DM	Preisspanne DM
353 *31333*	01		**Wärmedämmende Schichten als separate Maßnahmen oder im Zusammenhang mit Deckenbekleidungen, incl. notwendiger Vorarbeiten**					
		01	Mineralfaser, D = 4 – 8 cm	***	039	m^2	**40,00**	36,00 47,00
		02	Mineralfaser, D = 10 – 14 cm	***	039	m^2	**45,00**	40,00 53,00
		21	PS-Hartschaum, D = 4 – 8 cm	***	039	m^2	**33,00**	36,00 45,00
		22	PS-Hartschaum, D = 10 – 14 cm	***	039	m^2	**45,00**	40,00 53,00
		31	Zelluloseschüttung, D = 10 – 14 cm	**	039	m^2	**35,00**	31,00 42,00
		35	lose Dämmst. einblasen, D = 4 – 8 cm	**	039	m^2	**33,00**	33,00 48,00
		36	lose Dämmst. einblasen, D = 10 – 14 cm	**	039	m^2	**36,00**	36,00 53,00
		41	Kellerdecken, gewölbt	***	039	m^2	**68,00**	63,00 76,00
	11		**Plattenbekleidungen unter Massiv- oder Holzbalkendecken direkt befestigt oder abgehängt, ohne Dämmung, incl. Unterkonstruktion, Randabschlüssen und Spachtelung**					
		01	Gipswerkstoffplatten, D = ca. 12,5 mm	**	039	m^2	**93,00**	85,00 100,00
		02	Gips-Feuerschutzplatten, D = 15 mm	**	039	m^2	**99,00**	85,00 106,00
		03	Gips-Lochplatten, D = 12,5 mm	**	039	m^2	**105,00**	96,00 115,00
		12	Gips-Feuerschutzpl., D = 2 x 12,5 mm	**	039	m^2	**105,00**	93,00 129,00
		21	Dekorplatten	**	039	m^2	**120,00**	107,00 142,00
		22	Deckenkörper	**	039	m^2	**150,00**	123,00 178,00

Preisstand I/95 Index 221,8 (1976 = 100)

DIN 276	AK	AA	Bauteiltext	Lohn-anteil	LB-Nr.	Ein-heit	Preis DM	Preisspanne DM
353 *31333*	12		**Hochwertige Bekleidungen unter Massiv- oder Holzbalkendecken direkt befestigt oder abgehängt, incl. notwendiger Vorarbeiten, Unterkonstruktionen, Randanschlüssen und Oberflächenbehandlung**					
		01	Nadelholz, N + F-Profile	**	027	m²	**125,00**	106,00 140,00
		02	Edelholz, N + F-Profile	**	027	m²	**170,00**	156,00 202,00
		03	Holzvertäfelungen	***	027	m²	**200,00**	155,00 243,00
		12	Stahlblech beschichtet	**	031	m²	**135,00**	118,00 181,00
		21	Kunststoffraster	**	031	m²	**135,00**	120,00 185,00
	15		**Putze an Massiv- oder Holzbalkendecken, incl. notwendiger Vorarbeiten, Abdeckungen und Putzträger**					
		01	Massivdecke, neuer Gipsputz	***	023	m²	**33,00**	28,00 37,00
		02	Massivdecke, neuer Kalkputz	***	023	m²	**43,00**	41,00 52,00
		03	Massivdecke, Altputz abschl., Gipsp.	***	023	m²	**56,00**	41,00 57,00
		04	Massivdecke, Altputz abschl., Kalkp.	***	023	m²	**66,00**	52,00 66,00
		05	Lehmputz, 2-lagig	***	023	m²	**83,00**	69,00 88,00
		11	Ausbessern, Massivdecken, bis 5 m²	***	023	m²	**69,00**	62,00 79,00
		12	Ausbessern, Holzbalkend., bis 5 m²	***	023	m²	**76,00**	68,00 85,00
		21	nur Gipsglätte als Feinputz	***	023	m²	**28,00**	25,00 33,00
		35	Feinputz Marmormehl	***	023	m²	**77,00**	77,00 95,00
		41	Kölner Decken, neuer Kalkputz	***	023	m²	**140,00**	119,00 159,00
		42	Kölner Decken, Kalkputz ausbessern	***	023	m²	**80,00**	66,00 93,00
		45	Beiputz an profilierten Stuckdecken	****	023	m²	**110,00**	95,00 152,00

Preisstand I/95 Index 221,8 (1976 = 100)

DIN 276	AK	AA	Bauteiltext	Lohnanteil	LB-Nr.	Einheit	Preis DM	Preisspanne DM
353 *31333*	16		**Stuckarbeiten an Massiv- oder Holzbalkendecken, incl. notwendiger Vorarbeiten, Abdeckungen und Putzträger**					
		01	einfache Flächendekore	***	023	m²	**61,00**	52,00 72,00
		02	aufwendige Flächendekore	***	023	m²	**86,00**	72,00 107,00
		03	einfache Flächen- und Einzeldekore	***	023	m²	**125,00**	109,00 140,00
		04	aufw. Flächen- und Einzeldekore	***	023	m²	**180,00**	153,00 212,00
	21		**Anstriche und Beschichtungen, incl. notwendiger Vorarbeiten, Abdeckungen, Entfernen vorhandener Tapeten und Anstriche, Putzreparatur**					
		01	Putzanstrich, einfache Qualität	****	034	m²	**12,00**	10,00 13,00
		02	Putzanstrich, gehobene Qualität	***	034	m²	**15,00**	12,00 17,00
		05	Kalkschlämme	****	034	m²	**25,00**	17,00 26,00
		06	Silikat- / Mineralfarbe	***	034	m²	**23,00**	15,00 28,00
		11	Anstrich von Rauhfaser	****	034	m²	**7,00**	6,00 9,00
		15	Roll-/ Kunststoffputz	***	034	m²	**33,00**	21,00 38,00
	22		**Tapeten, incl. notwendiger Vorarbeiten, Abdeckungen, Entfernen vorhandener Tapeten und Anstriche, ohne Putzreparatur**					
		01	Rauhfaser mit Anstrich	****	037	m²	**21,00**	16,00 25,00
		02	Textil-/Grastapete	***	037	m²	**31,00**	26,00 36,00
		03	Korktapete	***	037	m²	**35,00**	26,00 38,00
		11	Tapete, Rollenpreis ca. 10,– DM	****	037	m²	**16,00**	12,00 20,00
		12	Tapete, Rollenpreis ca. 15,– DM	***	037	m²	**21,00**	18,00 23,00
		13	Tapete, Rollenpreis ca. 30,– DM	***	037	m²	**26,00**	23,00 30,00
		21	Glasfasertapete u. Anstrich	***	037	m²	**68,00**	62,00 79,00

Preisstand I/95 Index 221,8 (1976 = 100)

DIN 276	AK	AA	Bauteiltext	Lohn-anteil	LB-Nr.	Ein-heit	Preis DM	Preisspanne DM
353 *31334*	25		**Feuerhemmende Bekleidungen unter Holz- oder Stahltreppen, aus Gips- Feuerschutzplatten, incl. notwendiger Vorarbeiten, Unterkonstruktion, Randanschlüssen und Spachtelungen**					
		01	Einfachbeplankung	**	039	m²	**99,00**	85,00 107,00
		02	Doppelbeplankung	**	039	m²	**120,00**	100,00 122,00
	28		**Putze unter Massiv- oder Holztreppen, incl. notwendiger Vorarbeiten, Abdeckungen und Putzträger**					
		01	Massivtreppen, neuer Gipsputz	***	023	m²	**35,00**	29,00 37,00
		02	Massivtreppen, neuer Kalkputz	***	023	m²	**43,00**	41,00 52,00
		03	Massivtr., Altp. abschl., Gipsputz	***	023	m²	**56,00**	41,00 57,00
		04	Massivtr., Altp. abschl., Kalkputz	***	023	m²	**66,00**	52,00 66,00
		11	Ausbessern, Massivtreppen, bis 3 m²	***	023	m²	**69,00**	62,00 79,00
		12	Ausbessern, Holztreppen, bis 3 m²	***	023	m²	**76,00**	68,00 85,00
		21	Lehmputz, 2-lagig	***	023	m²	**83,00**	69,00 88,00
		31	nur Gipsglätte als Feinputz	***	023	m²	**28,00**	25,00 33,00
	31		**Anstriche und Beschichtungen unter Massiv-oder Holztreppen, incl. notwendiger Vorarbeiten ohne Stufen, mit Wangen und Untersichten**					
		01	Putzanstrich, einfache Qualität	****	034	m²	**13,00**	12,00 15,00
		02	Putzanstrich, gehobene Qualität	***	034	m²	**16,00**	13,00 18,00
		05	Roll- / Kunststoffputz	***	034	m²	**36,00**	23,00 41,00
		11	Anstrich, Holztreppen, einf. Qualität	****	034	m²	**27,00**	26,00 30,00
		12	Anstrich, Holztreppen, geh. Qualität	***	034	m²	**32,00**	29,00 33,00

Preisstand I/95 Index 221,8 (1976 = 100)

DIN 276	AK	AA	Bauteiltext	Lohn-anteil	LB-Nr.	Ein-heit	Preis DM	Preisspanne DM
353 *31333*	51		**Decken vorbereiten, incl. notwendiger Vorarbeiten, Schuttabfuhr und Abdeckungen**					
		01	einlagige Tapeten abziehen	****	037	m²	**5,00**	3,00 7,00
		02	mehrlagige Tapeten abziehen	****	037	m²	**8,00**	7,00 9,00
		03	PS-Platten entfernen	****	037	m²	**11,00**	8,00 15,00
		04	Kalkanstrich abwaschen	****	034	m²	**3,50**	2,50 4,50
		21	Putz abschlagen	***	023	m²	**28,00**	20,00 33,00
		31	Ölanstrich abbeizen	****	034	m²	**31,00**	23,00 36,00
	52		**Holzbekleidungen instandsetzen unter Massiv- und Holzbalken-decken, Austausch geschädigter Bauteile, incl. notwendiger Vorarbeiten, Imprägnierung, Unterkonstruktion, Wandanschlüssen und Oberflä-chenbehandlung**					
		01	Profilbretter, gehobene Qualität	***	027	m²	**205,00**	176,00 241,00
		03	Holzvertäfelungen, einfache Qualität	***	027	m²	**205,00**	158,00 283,00
		04	Holzvertäfelungen, gehob. Qualität	***	027	m²	**340,00**	262,00 422,00

Preisstand I/95 Index 221,8 (1976 = 100)

DIN 276	AK	AA	Bauteiltext	Lohn-anteil	LB-Nr.	Ein-heit	Preis DM	Preisspanne DM
359	01		**Einschubtreppen Geschoßhöhe bis 3,00 m komplett mit Rahmen und Klappe, Beiputz und Oberflächenbehandlung**					
31232		01	Holztreppe	**	027	St	**1280,00**	1119,00 1440,00
		02	Holztreppe, feuerhemmend (F 30)	**	027	St	**1650,00**	1425,00 1823,00
		11	Aluminiumtreppe	**	031	St	**1900,00**	1653,00 2122,00
		12	Aluminiumtreppe, feuerhemmend (F 30)	**	031	St	**2350,00**	2031,00 2607,00
		21	Öffnung herstellen, Massivdecken	***	012	St	**1830,00**	1561,00 2058,00
		22	Öffnung herstellen, Holzdecken	***	027	St	**1540,00**	1383,00 1753,00
	02		**Feuerhemmende Bodenluken als Zugang zum nicht ausgebauten Dachraum, Größe ca. 1,0 m², incl. notwendiger Vorarbeiten, Oberflächenbehandlung und Leiter**					
31232		01	Öffnung vorhanden	**	027	St	**1140,00**	999,00 1283,00
		11	Öffnung vergrößern, Massivdecken	***	012	St	**1500,00**	1283,00 1781,00
		12	Öffnung vergrößern, Holzdecken	***	027	St	**1410,00**	1240,00 1561,00
	11		**Geländer Höhe bis 1,0 m, incl. notwendiger Vorarbeiten, Handläufe, Oberflächenbehandlung, Verankerungen und Befestigungen**					
31335		01	Holzgeländer, einfache Ausführung	**	027	m	**345,00**	318,00 362,00
		02	Holzgeländer, gehobene Ausführung	**	027	m	**470,00**	416,00 497,00
		03	Holzgeländer, Profilstäbe	**	027	m	**530,00**	497,00 613,00
		11	Stahlgeländer, einfache Ausführung	**	031	m	**310,00**	269,00 337,00
		12	Stahlgeländer, gehobene Ausführung	**	031	m	**450,00**	403,00 471,00
		21	Schmiedeeisen, einfache Ausführung	**	031	m	**510,00**	471,00 539,00
		22	Schmiedeeisen, gehobene Ausführg.	**	031	m	**740,00**	700,00 781,00

Preisstand I/95 Index 221,8 (1976 = 100)

DIN 276	AK	AA	Bauteiltext	Lohn-anteil	LB-Nr.	Ein-heit	Preis DM	Preisspanne DM
359 *31335*	12		**Handläufe Befestigung an Wänden, incl. notwendiger Vorarbeiten und Oberflächenbehandlung**					
		01	Holz	**	027	m	**82,00**	70,00 93,00
		11	Stahl, gestrichen / verzinkt	**	031	m	**69,00**	57,00 79,00
		12	Stahl, PVC-Belag	**	031	m	**66,00**	57,00 79,00
		21	Messing	**	031	m	**82,00**	70,00 100,00
	51		**Geländer instandsetzen Höhe ca. 1,0 m, incl. notwendiger Vorarbeiten und Abdeckungen**					
		01	Verankerungen neu befestigen	****	031	m	**36,00**	31,00 43,00
		11	deckender Anstrich, Stahlgeländer	****	034	m	**37,00**	29,00 53,00
		12	deckender Anstrich, Holzgeländer	****	034	m	**73,00**	63,00 78,00
		13	Abbeizen, Lasur, Holz, glatt	****	034	m	**58,00**	50,00 63,00
		14	Abbeizen, Lasur, Holz, profiliert	****	034	m	**68,00**	57,00 79,00
		15	deckender Anstrich, Handläufe	****	034	m	**15,00**	13,00 17,00
		21	einfache Holzstäbe einfügen	***	027	m	**205,00**	178,00 237,00
		22	profilierte Holzstäbe einfügen	***	027	m	**290,00**	257,00 328,00
		31	einfache Stahlstäbe einfügen	***	031	m	**150,00**	133,00 158,00
		32	schmiedeeiserne Stäbe einfügen	***	031	m	**210,00**	177,00 237,00
		41	Handläufe erneuern in Holz	***	027	m	**59,00**	49,00 71,00
		42	Handläufe erneuern in Stahl	***	031	m	**56,00**	48,00 63,00

Preisstand I/95 Index 221,8 (1976 = 100)

DIN 276	AK	AA	Bauteiltext	Lohn-anteil	LB-Nr.	Ein-heit	Preis DM	Preisspanne DM
361 *31241*	01		**Sparren-, Pfetten-, Kehlbalken-dächer aufstellen und verzimmern, incl. Stützen, Streben, Pfetten, Windverbänden, Zangen und Imprägnierung (m^2 Dachfläche als Hüllfläche)**					
		01	Sattel-/Pultdächer	**	016	m^2	**105,00**	85,00 143,00
		02	Walm-/Mansard-/Turmdächer	**	016	m^2	**190,00**	169,00 226,00
		11	Sonderformen, Dächer mit Aufbauten	**	016	m^2	**255,00**	227,00 321,00
	02		**Aussteifungen/Abstützungen für Dächer bei unterdimensionier-ten oder geschädigten Dachstüh-len durch Pfosten, Binder oder Zangen, incl. notwendiger Kopf- und Fuß-bänder und Imprägnierung**					
		01	Holzpfosten, Fläche bis 150 cm^2	***	016	m	**93,00**	83,00 98,00
		02	Holzpfosten, Fläche 150 – 300 cm^2	***	016	m	**145,00**	130,00 153,00
		11	Holzpfetten, Fläche bis 300 cm^2	***	016	m	**275,00**	235,00 302,00
		12	Holzpfetten, Fläche 300 – 500 cm^2	***	016	m	**340,00**	303,00 401,00
		13	Leimholzpfetten, Fläche 400 – 600 cm^2	***	016	m	**400,00**	343,00 537,00
		21	Stahlträger, bis IPBL 160	***	016	m	**400,00**	343,00 471,00
		22	Stahlträger, bis IPBL 240	***	016	m	**580,00**	471,00 668,00
	03		**Kehlbalkenlagen, Holzkonstruktion, incl. Ausrichten vorhandener Höl-zer und Imprägnierung**					
		01	Kehlbalkenlage, rauh, bis 3 m	**	016	m^2	**130,00**	116,00 155,00
		02	Kehlbalkenlage, rauh, 3 – 5 m	**	016	m^2	**145,00**	128,00 165,00
		03	Kehlbalkenlage, gehobelt, bis 3 m	**	016	m^2	**145,00**	128,00 165,00
		04	Kehlbalkenlage, gehobelt, 3 – 5 m	**	016	m^2	**155,00**	143,00 186,00

Preisstand I/95 Index 221,8 (1976 = 100)

DIN 276	AK	AA	Bauteiltext	Lohn-anteil	LB-Nr.	Ein-heit	Preis DM	Preisspanne DM
361 *31241*	11		**Sonderbauteile Dachkonstruktion, incl. Aufnehmen der vorhandenen Konstruktion, der erforderlichen Auswechslungen, Imprägnierung und Oberflächenbehandlung, ohne Dachbeläge und Bekleidungen**					
		01	einfache Gauben, H < 1,20 m	**	016	m	**1140,00**	1017,00 1245,00
		02	einfache Gauben, H = 1,20 – 1,50 m	**	016	m	**1240,00**	1103,00 1363,00
		11	komplizierte Gauben, H < 1,20 m	***	016	m	**1430,00**	1296,00 1558,00
		12	kompliz. Gauben, H = 1,20 – 1,50 m	***	016	m	**1550,00**	1402,00 1710,00
		21	Dacheinschnitte, Tiefe ca. 1,50 m	**	016	m	**1760,00**	1578,00 1951,00
		23	Dacheinschnitte, Tiefe ca. 2,50 m	**	016	m	**2600,00**	2376,00 2899,00
		31	einfache Traufgesimse	**	016	m	**135,00**	126,00 158,00
		32	aufwendige Traufgesimse	***	016	m	**315,00**	293,00 358,00
	51		**Dachkonstruktionen instandsetzen durch Verstärken von Holzteilen, incl. erforderlicher Abstützungen Schuttabfuhr und Imprägnierung**					
		01	Bohlen anlaschen, ca. 4 x 16 cm	***	016	m	**55,00**	47,00 60,00
		02	Balken anlaschen, ca. 8 x 16 cm	***	016	m	**80,00**	75,00 87,00
		11	Stahlprofile anlaschen, bis U/L 100	***	016	m	**100,00**	82,00 107,00
		12	Stahlprofile anlaschen, bis U/L 200	***	016	m	**135,00**	107,00 162,00
	55		**Sonderdachkonstruktion – Stahl instandsetzen, incl. Schadensprüfung, Reinigung, Entrostung der Metallbauteile, Korrosionsanstrich (3 Arbeitsgänge), Vorarbeiten, Schutz von Bauteilen und Schuttabfuhr**					
		01	Eisentragwerk	***	031	m²	**97,00**	83,00 119,00

Preisstand I/95 Index 221,8 (1976 = 100)

DIN 276	AK	AA	Bauteiltext	Lohn-anteil	LB-Nr.	Ein-heit	Preis DM	Preisspanne DM
361 *31241*	61		**Sanierung geschädigter Holzteile von Fäulnis, Pilzen oder Holzschädlingen befallene Holzkonstruktionen freilegen und chemisch behandeln, incl. aller Vorarbeiten, Schutzmaßnahmen und Schuttabfuhr, sowie Verbrennen ausgebauter Hölzer und Späne**					
		01	Holz abbürsten, abhobeln	****	016	m²	**12,00**	10,00 13,00
		02	Holz abbeilen, abflammen	****	016	m²	**26,00**	21,00 30,00
		11	Holz imprägnieren, streichen/spritzen	****	016	m²	**33,00**	29,00 36,00
		12	Holz imprägnieren, Bohrlochtränkung	****	016	m²	**45,00**	40,00 53,00

Preisstand I/95 Index 221,8 (1976 = 100)

DIN 276	AK	AA	Bauteiltext	Lohn-anteil	LB-Nr.	Ein-heit	Preis DM	Preisspanne DM
362 *31344*	01		**Dachflächenwohnraumfenster, incl. notwendiger Vorarbeiten, Auswechslungen, Anschlüsse an die Dachhaut, Isolierverglasung, Fugenabdichtung, Beschläge und Oberflächenbehandlung**					
		01	Größe < 0,5 m²	**	020	St	**1070,00**	926,00 1198,00
		02	Größe = 0,5 – 1,0 m²	**	020	St	**1330,00**	1153,00 1496,00
		03	Größe = 1,0 – 1,5 m²	**	020	St	**1760,00**	1518,00 1993,00
		04	Größe = 1,5 – 2,0 m²	**	020	St	**2100,00**	1835,00 2392,00
	11		**Lichtkuppeln in flachen oder geneigten Dächern, incl. notwendiger Vorarbeiten, Auswechslungen, Anschlüsse an die Dachhaut, Isolierverglasung, Fugenabdichtung, Beschläge und Oberflächenbehandlung**					
		01	Größe < 0,5 m²	**	021	St	**1420,00**	1240,00 1619,00
		02	Größe = 0,5 – 1,0 m²	**	021	St	**1980,00**	1761,00 2207,00
		03	Größe = 1,0 – 1,5 m²	**	021	St	**2600,00**	2392,00 2886,00
		04	Größe = 1,5 – 2,0 m²	**	021	St	**3350,00**	2033,00 3633,00
		11	RWA-Anlage, Größe < 0,50 m²	**	021	St	**2150,00**	1939,00 2378,00
		12	RWA-Anlage, Größe = 0,5 – 1,0 m²	**	021	St	**2600,00**	2392,00 2886,00
		13	RWA-Anlage, Größe = 1,0 – 1,5 m²	**	021	St	**3350,00**	2033,00 3633,00
		14	RWA-Anlage, Größe = 1,5 – 2,0 m²	**	021	St	**4100,00**	3840,00 4322,00
		21	Zulage mechanischer Antrieb	*	021	St	**155,00**	133,00 179,00
		22	Zulage elektrischer Antrieb	***	021	St	**800,00**	695,00 909,00

Preisstand I/95 Index 221,8 (1976 = 100)

DIN 276	AK	AA	Bauteiltext	Lohn-anteil	LB-Nr.	Ein-heit	Preis DM	Preisspanne DM
362 *31344*	21		**Dachfenster, incl. notwendiger Vorarbeiten, Anschlüsse an die Dachhaut und Fugenabdichtung**					
		01	4-pfannige Fenster, Kunststoff	*	020	St	**140,00**	123,00 156,00
		02	4-pfannige Fenster, Metall	*	020	St	**165,00**	142,00 186,00
		03	6-pfannige Fenster, Metall	*	020	St	**180,00**	163,00 192,00
		12	4-pfannige Fenster, wärmegedämmt	*	020	St	**570,00**	492,00 667,00
		13	6-pfannige Fenster, wärmegedämmt	*	020	St	**600,00**	522,00 703,00
	31		**Oberlichtverglasung als feste Verglasung, incl. notwendiger Vorarbeiten, Auswechslungen, Anschlüsse an die Dachhaut, Oberflächenbehandlung und dauerelastischer Abdichtung**					
		01	Stahlrahmen, einfache Form	**	031	m^2	**400,00**	350,00 483,00
		02	Stahlrahmen, komplizierte Form	**	031	m^2	**610,00**	539,00 688,00
		11	Alurahmen, einfache Form	**	031	m^2	**510,00**	443,00 572,00
		12	Alurahmen, komplizierte Form	**	031	m^2	**800,00**	715,00 899,00
		21	Plexiglas-Gewölbe	**	031	m^2	**990,00**	867,00 1092,00

Preisstand I/95 Index 221,8 (1976 = 100)

DIN 276	AK	AA	Bauteiltext	Lohn-anteil	LB-Nr.	Ein-heit	Preis DM	Preisspanne DM
363 *31341*	01		**Pfanneneindeckungen von geneigten Dächern, incl. notwendiger Vorarbeiten, Aufnehmen und Abfuhr vorhandener Pfannen und Unterkonstruktionen, Lattung, Unterspannbahnen, First-, Ortgang- und Traufziegeln**					
		01	Tonpfannen, einfache Dachform	**	020	m²	**125,00**	113,00 145,00
		02	Tonpfannen, komplizierte Dachform	***	020	m²	**150,00**	133,00 186,00
		11	Betondachsteine, einfache Dachform	**	020	m²	**105,00**	98,00 122,00
		12	Betondachsteine, kompliz. Dachform	***	020	m²	**135,00**	122,00 178,00
	02		**Plattendeckungen von geneigten Dächern, incl. notwendiger Vorarbeiten, Aufnehmen und Abfuhr vorhandener Pfannen, Lattung oder Vollschalung, Unterspannbahnen, First-, Ortgang- und Traufenausbildung**					
		01	Faserzement, Berliner Welle	***	020	m²	**105,00**	93,00 125,00
		02	Faserzement, Kleinformate	***	020	m²	**160,00**	133,00 186,00
		03	Bitumenschindeln	***	020	m²	**110,00**	95,00 122,00
		11	Biberschwanztonziegel	***	020	m²	**170,00**	149,00 188,00
		21	Naturschiefer	***	020	m²	**335,00**	313,00 395,00
	11		**Metalleindeckungen, incl. Aufnehmen und Abfuhr der vorhandenen Dachhaut, Lattung oder Vollschalung, Unterspannbahnen, First-, Ortgang- und Traufenausbildung**					
		01	Zinkblech, Stehfalz	***	020	m²	**285,00**	257,00 313,00
		11	Kupferblech, Stehfalz	***	020	m²	**395,00**	363,00 431,00
		21	Blei	***	020	m²	**340,00**	296,00 363,00
		31	Trapezblech, kunststoffbeschichtet	***	020	m²	**155,00**	133,00 185,00

Preisstand I/95 Index 221,8 (1976 = 100)

DIN 276	AK	AA	Bauteiltext	Lohn-anteil	LB-Nr.	Ein-heit	Preis DM	Preisspanne DM
363 *31341*	12		**Begrüntes flaches Dach (ca. 5 Grad) mit wurzelfester Dichtungsschicht oder zusätzlicher Wurzelschutz-schicht, bestehend aus Dämmung, Dichtschicht, Schutzschicht, Drän-schicht, Filterschicht, Vegetations-schicht und Bepflanzung, incl. aller Anschlüsse und Anstau-garnitur**					
		01	Extensivbegrünung	**	021	m²	**210,00**	147,00 251,00
		02	einfache Intensivbegrünung	**	021	m²	**220,00**	161,00 227,00
		03	aufwendige Intensivbegrünung	**	021	m²	**245,00**	199,00 281,00
		11	Extensivbegr. mit zus. Wurzelschutz	**	021	m²	**260,00**	203,00 302,00
		12	einf. Intensivbegr. m. zus. Wurzelsch.	**	021	m²	**275,00**	208,00 296,00
		13	aufw. Intensivbegr. m. zus. Wurzelsch.	**	021	m²	**290,00**	251,00 335,00
	13		**Begrüntes geneigtes Dach (bis 30 Grad) mit wurzelfester Dichtungsschicht o. zusätzl. Wurzelschutzschicht, bestehend aus Schwellen zur Sicherung gegen Abrutschen, Kiespackung zur Drainage, Dicht-schicht, Schutzschicht, Schalung, Filter- u. Vegetationsschicht, Be-pflanzung, incl. aller Anschlüsse**					
		01	Extensivbegrünung	**	021	m²	**200,00**	163,00 240,00
		02	einfache Intensivbegrünung	**	021	m²	**210,00**	178,00 229,00
		11	Extensivbegr. mit zus. Wurzelschutz	**	021	m²	**245,00**	212,00 273,00
		12	einf. Intensivbegr. m. zus. Wurzelsch.	**	021	m²	**260,00**	230,00 279,00
	15		**Sondereindeckungen Einbau von Sonderdacheindeckun-gen, incl. notwendiger konstruktiver Vorarbeiten (Verstärkungen, Bei-arbeiten vorhandener Bauteile), First-, Ortgang- und Traufenausbil-dung sowie aller Anschlüsse**					
		01	Sicherheits-Isolierglas	***	032	m²	**820,00**	556,00 878,00
		02	Plexiglasplatten, Doppelsteg	***	032	m²	**430,00**	363,00 497,00

Preisstand I/95 Index 221,8 (1976 = 100)

DIN 276	AK	AA	Bauteiltext	Lohnanteil	LB-Nr.	Einheit	Preis DM	Preisspanne DM
363	21		**Dichtungsbahneneindeckungen von flachen und geneigten Dächern, incl. notwendiger Vorarbeiten, Aufnehmen und Abfuhr der vorhandenen Dachhaut und Randanschlüssen**					
31341		01	3-lagige Bitumendachpappe	***	021	m²	**110,00**	99,00 128,00
		02	3-lagige Bitumenp., 5 cm Bekiesung	***	021	m²	**140,00**	128,00 156,00
		03	3-lagige Bitumenp., 10 cm Bekiesung	***	021	m²	**180,00**	163,00 200,00
		04	3-lagige Bitumenpappe, 12 cm Dämmung, Kies	***	021	m²	**205,00**	180,00 221,00
		11	Umkehrdach, 12 cm Dämmung, Kies	***	021	m²	**245,00**	200,00 285,00
		12	Kunststoffbahnen, lose verlegt, Kies	***	021	m²	**135,00**	121,00 150,00
		13	Kunststoffbahnen, fixiert	***	021	m²	**110,00**	99,00 13,00
		21	Kunststoffb., Dämmung, lose verl., Kies	***	021	m²	**175,00**	156,00 199,00
		22	Kunststoffbahnen, Dämmung, fixiert	***	021	m²	**165,00**	145,00 190,00
		41	Dämmung, extr. PS-Schaum, D = 10 cm	**	021	m²	**58,00**	49,00 63,00
		42	Dämmung, Schaumglas, D = 10 cm	**	021	m²	**135,00**	118,00 142,00
	31		**Platten-Bekleidungen von Kaminköpfen, Dachgauben, Dacheinschnitten und Traufuntersichten, incl. notwendiger Vorarbeiten, Unterkonstruktionen, Randanschlüsse und Eckprofile, Fugenabdichtungen, Wärmedämmung und Abdeckungen**					
31342		01	Faserzement, Kleinformat, einfache Deckung	***	020	m²	**170,00**	148,00 188,00
		02	Faserzement, Kleinformat, doppelte Deckung	***	020	m²	**205,00**	187,00 228,00
		03	Faserzement, Mittelformat	***	020	m²	**155,00**	135,00 171,00
		11	Naturschiefer	***	020	m²	**345,00**	313,00 391,00
		21	Tonplatten	***	020	m²	**275,00**	242,00 337,00

Preisstand I/95 Index 221,8 (1976 = 100)

DIN 276	AK	AA	Bauteiltext	Lohn-anteil	LB-Nr.	Ein-heit	Preis DM	Preisspanne DM
363 *31342*	32		**Metallbekleidungen von Dachgauben, Dacheinschnitten und Traufuntersichten, incl. notwendiger Vorarbeiten, Unterkonstruktionen, Randanschlüsse, Eckprofile, Fugenabdichtung, Wärmedämmung und Abdeckungen**					
		01	Aluminiumbleche, bronze-eloxiert	***	022	m²	**365,00**	342,00 456,00
		11	Stahlbleche, einbrennlackiert	***	022	m²	**285,00**	242,00 326,00
		21	Kupferbleche	***	022	m²	**310,00**	356,00 485,00
		31	Zinkbleche	***	022	m²	**225,00**	192,00 260,00
	33		**Holzbekleidungen von Dachgauben, Dacheinschnitten und Traufuntersichten, incl. notwendiger Vorarbeiten, Unterkonstruktionen, Randabschlüsse, Fugenabdichtungen, Wärmedämmung, Abdeckungen und Oberflächenbehandlung**					
		01	Brettschalung, Stulp- o. Deckel	***	027	m²	**205,00**	178,00 223,00
		02	Brettschalung, Nut und Feder	***	027	m²	**225,00**	199,00 258,00
		11	Schindeln in Doppeldeckung	***	020	m²	**390,00**	333,00 471,00
	34		**Anstriche und Beschichtungen von Dachgauben, Dacheinschnitten und Traufuntersichten, incl. notwendiger Vorarbeiten, Reinigung und Abdeckungen**					
		01	Anstrich, Holzbekleidungen, deckend	***	034	m²	**32,00**	26,00 38,00
		02	Anst., Holzbekleidungen, lasierend	***	034	m²	**21,00**	16,00 25,00
		21	Anstrich, Metallbekleidungen	***	034	m²	**27,00**	18,00 33,00

Preisstand I/95 Index 221,8 (1976 = 100)

DIN 276	AK	AA	Bauteiltext	Lohn-anteil	LB-Nr.	Ein-heit	Preis DM	Preisspanne DM
363 *31341*	35		**Dachanschlüsse an Traufen, Gesimsen, Ortgängen, aufgehenden Wänden und Kaminen, incl. Ausbau und Abfuhr der alten Anschlüsse**					
		01	Zinkblech	***	022	m	**57,00**	49,00 69,00
		11	Walzblei	***	022	m	**68,00**	59,00 83,00
		21	Kupferblech	***	022	m	**86,00**	73,00 99,00
	41		**Dachentwässerung außen an Fassaden und Dächern, incl. notwendiger Vorarbeiten, Befestigungen, Einlaufbleche und Demontage der vorhandenen Konstruktionen**					
		01	Hängerinnen, Zink	**	022	m	**73,00**	65,00 81,00
		02	Hängerinnen, Kupfer	**	022	m	**105,00**	93,00 113,00
		03	Hängerinnen, PVC	**	022	m	**68,00**	63,00 73,00
		11	Kastenrinnen bis 50 cm, Zink	**	022	m	**105,00**	93,00 113,00
		12	Kastenrinnen 50 – 80 cm, Zink	**	022	m	**145,00**	127,00 158,00
		21	Kastenrinnen bis 50 cm, Kupfer	**	022	m	**125,00**	113,00 137,00
		22	Kastenrinnen 50 – 80 cm, Kupfer	**	022	m	**165,00**	143,00 185,00
		31	Regenrohre, DN 100 Zink	*	022	m	**57,00**	52,00 68,00
		32	Regenrohre, DN 100 Kupfer	*	022	m	**79,00**	72,00 85,00
		33	Regenrohre, DN 100 PVC	*	022	m	**57,00**	52,00 68,00
		41	innenliegende Rinnen bis 50 cm, Zink	***	022	m	**215,00**	195,00 240,00
		42	innenliegende Rinnen, 50 – 80 cm, Zink	***	022	m	**250,00**	227,00 269,00

Preisstand I/95 Index 221,8 (1976 = 100)

DIN 276	AK	AA	Bauteiltext	Lohn-anteil	LB-Nr.	Ein-heit	Preis DM	Preisspanne DM
363 *31341*	51		**Pfanneneindeckungen instandsetzen von geneigten Dächern, incl. notwendiger Vorarbeiten und Schutzmaßnahmen (m^2 betroffene Fläche)**					
		01	Umdecken, neue Lattung und Folie	***	020	m^2	**80,00**	73,00 91,00
		02	Ausbessern, Flächen bis 3 m^2	***	020	m^2	**140,00**	122,00 153,00
	52		**Platteneindeckungen instandsetzen auf geneigten Dächern, incl. notwendiger Vorarbeiten und Schutzmaßnahmen (m^2 betroffene Fläche)**					
		01	Faserzement, Kleinformate, bis 3 m^2	***	020	m^2	**180,00**	155,00 208,00
		02	Biberschwanz-Tonziegel, bis 3 m^2	***	020	m^2	**200,00**	165,00 205,00
		03	Bitumenschindeln, bis 3 m^2	***	020	m^2	**135,00**	116,00 143,00
		11	Naturschiefer, bis 3 m^2	***	020	m^2	**380,00**	326,00 450,00
	54		**Dichtungsbahneneindeckungen instandsetzen durch Abschieben von Blasen, Reinigen der Dachflächen und Trocknen, incl. notwendiger Vorarbeiten und zusätzlicher Konstruktionen wie Gleitfolien (m^2 betroffene Fläche)**					
		01	Überkleben mit 1 Bitumenpappe	***	021	m^2	**49,00**	42,00 53,00
		02	Überkleben mit Bitumenpappe, Kies	***	021	m^2	**58,00**	52,00 66,00
		11	Kunststoffbahnen, lose verlegt, Kies	***	021	m^2	**100,00**	93,00 115,00
		12	Kunststoffbahnen, fixiert	***	021	m^2	**92,00**	82,00 99,00
	56		**Dachentwässerung instandsetzen Rinnen reinigen, Endstücke, Schiebenäthe und einzelne Löcher abdichten, Laubfangkörbe ersetzen, evt. Befestigungen erneuern, incl. notwendiger Vorarbeiten und Schutzmaßnahmen**					
		01	Zinkblech	***	022	m	**18,00**	16,00 21,00
		02	Kupfer	***	022	m	**22,00**	19,00 26,00
		03	PVC	***	022	m	**18,00**	16,00 20,00

Preisstand I/95 Index 221,8 (1976 = 100)

DIN 276	AK	AA	Bauteiltext	Lohn-anteil	LB-Nr.	Ein-heit	Preis DM	Preisspanne DM
364 *31343*	01		**Platten-Bekleidungen unter flachen oder geneigten Dächern, incl. notwendiger Vorarbeiten, Unterkonstruktionen, Randanschlüssen und Spachtelungen**					
		01	Gipswerkstoffplatten, D < 12,5	**	039	m²	**95,00**	83,00 107,00
		11	Gips-Feuerschutzpl., D = 15,0 mm	**	039	m²	**105,00**	88,00 113,00
		31	Gips-Feuerschutzpl., D = 2x12,5 mm	**	039	m²	**120,00**	108,00 129,00
	02		**Holzbekleidungen unter flachen oder geneigten Dächern, incl. notwendiger Vorarbeiten, Unterkonstruktionen, Randanschlüssen und Oberflächenbehandlung**					
		01	Nadelholz, N + F-Profile	**	027	m²	**125,00**	106,00 140,00
		02	Edelholz, N + F-Profile	**	027	m²	**170,00**	156,00 202,00
		11	Holzvertäfelungen	***	027	m²	**200,00**	155,00 243,00
		21	rauhe Schalung	***	027	m²	**61,00**	53,00 71,00
	11		**Putze unter flachen / geneigten Dächern, incl. notwendiger Vorarbeiten und Abdeckungen, auf Massivkonstruktion oder Putzträger**					
		01	Gipsputz	***	023	m²	**33,00**	28,00 37,00
		02	Kalkputz	***	023	m²	**43,00**	41,00 52,00
		03	Lehmputz 2-lagig	***	023	m²	**83,00**	69,00 88,00
		11	nur Gipsglätte als Feinputz	***	023	m²	**28,00**	25,00 33,00

Preisstand I/95 Index 221,8 (1976 = 100)

360 Dächer

DIN 276	AK	AA	Bauteiltext	Lohn-anteil	LB-Nr.	Ein-heit	Preis DM	Preisspanne DM
364 *31343*	21		**Anstriche und Beschichtungen, incl. notwendiger Vorarbeiten, Entfernen vorhandener Tapeten und Anstriche, Putzreparatur und Abdeckungen**					
		01	Putzanstrich, einfache Qualität	****	034	m²	**12,00**	10,00 13,00
		02	Putzanstrich, gehobene Qualität	***	034	m²	**15,00**	12,00 17,00
		05	Kalkschlämme	****	034	m²	**25,00**	17,00 26,00
		07	Silikat-/ Mineralfarbe	***	034	m²	**23,00**	15,00 28,00
		11	Anstrich von Rauhfaser	****	034	m²	**7,50**	6,00 9,00
		21	deckender Anstrich von Holzteilen	***	034	m²	**18,00**	13,00 32,00
		22	lasierender Anstrich von Holzteilen	***	034	m²	**15,00**	12,00 21,00
		41	deckender Anstrich von Stahlteilen	***	034	m²	**27,00**	15,00 31,00
	31		**Tapeten, incl. notwendiger Vorarbeiten, Entfernen vorhandener Tapeten und Anstriche, Abdeckungen, ohne Putzreparatur**					
		01	Rauhfaser mit Anstrich	****	037	m²	**21,00**	16,00 25,00
		02	Textil-/ Grastapete	***	037	m²	**31,00**	26,00 36,00
		03	Korktapete	***	037	m²	**35,00**	26,00 38,00
		11	Tapete, Rollenpreis ca. 10,– DM	****	037	m²	**16,00**	12,00 20,00
		12	Tapete, Rollenpreis ca. 15,– DM	***	037	m²	**21,00**	18,00 23,00
		13	Tapete, Rollenpreis ca. 30,– DM	***	037	m²	**26,00**	23,00 30,00
		31	Glasfasertapete und Anstrich	***	037	m²	**68,00**	62,00 79,00

Preisstand I/95 Index 221,8 (1976 = 100)

DIN 276	AK	AA	Bauteiltext	Lohn-anteil	LB-Nr.	Ein-heit	Preis DM	Preisspanne DM
364 *31343*	41		**Wärmedämmende Schichten einbauen als separate Maßnahme oder im Zusammenhang mit Dacherneuerungen, incl. notwendiger Vorarbeiten**					
		01	Mineralfaser, D = 6 – 8 cm	***	039	m²	**40,00**	36,00 47,00
		02	Mineralfaser, D = 12 – 16 cm	***	039	m²	**48,00**	43,00 57,00
		11	Schaumkunststoff, D = 6 – 8 cm	***	039	m²	**38,00**	36,00 45,00
		12	Schaumkunststoff, D = 12 – 16 cm	***	039	m²	**48,00**	43,00 57,00
		23	lose Dämmstoffe einblasen, D = 6 – 8 cm	**	039	m²	**40,00**	33,00 48,00
		24	lose Dämmstoffe einblasen, D = 12 – 16 cm	**	039	m²	**53,00**	46,00 62,00
		31	Außendämmsystem Steildach	**	020	m²	**80,00**	76,00 91,00
	51		**Dachbekleidungen vorbereiten, incl. notwendiger Vorarbeiten, Schuttabfuhr und Abdeckungen**					
		01	einlagige Tapeten abziehen	****	037	m²	**5,00**	3,50 7,00
		02	mehrlagige Tapeten abziehen	****	037	m²	**8,00**	7,00 9,00
		03	PS-Platten entfernen	****	037	m²	**11,00**	8,00 15,00
		04	Kalkanstrich abwaschen	****	034	m²	**3,50**	2,50 5,00
		05	Ölfarbe abbeizen	****	034	m²	**31,00**	23,00 36,00
		21	Putz abschlagen	***	023	m²	**27,00**	20,00 33,00

Preisstand I/95 Index 221,8 (1976 = 100)

DIN 276	AK	AA	Bauteiltext	Lohn-anteil	LB-Nr.	Ein-heit	Preis DM	Preisspanne DM
369 *31345*	01		**Geländer Höhe bis 1,0 m, incl. notwendiger Vorarbeiten, Verankerungen, Abstützungen und Oberflächenbehandlung**					
		01	Stahl, einfache Ausführung	**	031	m	**310,00**	269,00 337,00
		02	Stahl, gehobene Ausführung	**	031	m	**450,00**	403,00 471,00
		11	Schmiedeeisen, einfache Ausführung	**	031	m	**510,00**	471,00 539,00
		12	Schmiedeeisen, gehobene Ausführg.	**	031	m	**740,00**	700,00 781,00
	11		**Gitterroste und Abdeckungen, incl. notwendiger Vorarbeiten, Ausbau und Abfuhr der vorhandenen Konstruktionen, Diebstahlsicherung, Beiputz und Oberflächenbehandlung**					
		01	Gitterroste in Rahmen, B < 50 cm	**	031	m	**295,00**	255,00 356,00
		02	Riffelblechabdeckungen, B < 50 cm	**	031	m	**255,00**	228,00 286,00
		21	Laufroste	**	020	m	**110,00**	98,00 129,00
		31	Schneefanggitter	**	020	m	**73,00**	63,00 83,00
	21		**Sonnenschutz Dachflächenwohnraumfenster, incl. notwendiger Vorarbeiten**					
		01	Außenrollos	**	020	m²	**285,00**	243,00 327,00
		02	Innenrollos	**	020	m²	**170,00**	142,00 200,00
		11	Innenjalousien	**	020	m²	**285,00**	250,00 329,00
	51		**Geländer instandsetzen Höhe ca. 1,0 m, incl. notwendiger Vorarbeiten und Schutzmaßnahmen**					
		01	Verankerungen neu befestigen	****	031	m	**36,00**	31,00 43,00
		11	Handlauf erneuern	***	031	m	**61,00**	48,00 71,00
		21	deckender Anstrich	****	034	m	**56,00**	29,00 55,00

Preisstand I/95 Index 221,8 (1976 = 100)

DIN 276	AK	AA	Bauteiltext	Lohn-anteil	LB-Nr.	Ein-heit	Preis DM	Preisspanne DM
369 *31345*	52		**Gitterroste / Abdeckungen instandsetzen, incl. notwendiger Vorarbeiten**					
		01	Verankerungen neu befestigen	****	031	m	**41,00**	31,00 42,00
		11	deckender Anstrich von Rosten	****	034	m	**40,00**	30,00 43,00
		12	deckender Anstrich von Riffelblech	****	034	m	**26,00**	21,00 32,00

Preisstand I/95 Index 221,8 (1976 = 100)

DIN 276	AK	AA	Bauteiltext	Lohn-anteil	LB-Nr.	Ein-heit	Preis DM	Preisspanne DM
371 *34000*	01		**Einbauküchen als Kompaktküchen mit Spüle, Kochplatten, Kühlschrank und Oberschränken, incl. notwendiger Vorarbeiten und Anschlüsse**					
		01	Breite ca. 1,0 m	**	942	St	**1830,00**	1616,00 2020,00
		02	Küchenblock ca. 2,40 m	**	942	St	**4050,00**	2693,00 8081,00
		11	Ausschank ca. 2,40 m	**	942	St	**3200,00**	2127,00 6712,00
	02		**Küchen, Geräte, incl. notwendiger Vorarbeiten und Anschlüsse, Einzelelemente 60 cm breit**					
		01	Kühlschrank	*	941	St	**1020,00**	893,00 1071,00
		02	Kühl- / Gefrierschrank	*	941	St	**1410,00**	1231,00 1565,00
		03	Gasherd	**	941	St	**1290,00**	1153,00 1498,00
		04	Elektroherd	**	941	St	**1080,00**	932,00 1189,00
		05	Mikrowelle	*	941	St	**1060,00**	909,00 1213,00
		06	Spülmaschine	**	941	St	**1650,00**	1433,00 1916,00
		11	Waschmaschine	**	941	St	**1740,00**	1516,00 2000,00
		12	Wäschetrockner	*	941	St	**1650,00**	1330,00 1841,00
		21	Unterschrank	*	941	St	**860,00**	748,00 989,00
		22	Oberschrank	*	941	St	**670,00**	588,00 799,00
		25	Spüle, B = 1,20 m	**	941	St	**980,00**	850,00 1177,00

Preisstand I/95 Index 221,8 (1976 = 100)

DIN 276	AK	AA	Bauteiltext	Lohn-anteil	LB-Nr.	Ein-heit	Preis DM	Preisspanne DM
371 *34000*	11		**Einbauschränke als Spinde in Wandnischen, laufende m Frontbreite, Tiefe ca. 0,80 m, incl. notwendiger Vorarbeiten, Einlegeböden, Befestigungen, Deckleisten, Anstriche**					
		01	einfach, Höhe bis 2,5 m	**	942	m	**580,00**	430,00 712,00
		02	gehoben, Höhe bis 2,5 m	**	942	m	**840,00**	712,00 1069,00
		11	einfach, Höhe bis 3 m	**	942	m	**820,00**	619,00 997,00
		12	gehoben, Höhe bis 3 m	**	942	m	**1130,00**	997,00 1419,00
		21	einfach, Höhe bis 4 m	**	942	m	**1080,00**	809,00 1253,00
		22	gehoben, Höhe bis 4 m	**	942	m	**1380,00**	1253,00 1711,00
	21		**Hausbriefkästen, incl. notwendiger Vorarbeiten und Befestigungen**					
		01	einfache Ausführung, auf Putz	**	941	St	**110,00**	98,00 158,00
		11	gehobene Ausführung, auf Putz	**	941	St	**225,00**	187,00 253,00
		21	einfache Ausführung, unter Putz	**	941	St	**245,00**	216,00 276,00
		22	gehobene Ausführung, unter Putz	**	941	St	**455,00**	393,00 681,00
	31		**Waschküchen-, Trockeneinrichtung, incl. notwendiger Vorarbeiten, Anschlüsse und Befestigungen**					
		01	Gemeinschaftswaschmaschinen	**	941	St	**5650,00**	3736,00 6712,00
		11	zentraler Wäschetrockner	**	941	St	**4050,00**	2752,00 4620,00

Preisstand I/95 Index 221,8 (1976 = 100)

370 Baukonstruktive Einbauten

DIN 276	AK	AA	Bauteiltext	Lohn-anteil	LB-Nr.	Ein-heit	Preis DM	Preisspanne DM
391 *31911*	01		**Einrichtung eines Baubüros mit Telefonanschluß, elektrischem Stromanschluß, Beheizungsmöglichkeiten und Möblierung**					
		01	in bestehendem Gebäude	****	000	St	**1190,00**	983,00 1278,00
		11	als Bauwagen/Container		000	St	**1700,00**	1480,00 1870,00
	02		**Lagerräume einrichten, abschließbar**					
		01	für Materialien im Gebäude	****	000	St	**570,00**	493,00 650,00
		02	für Materialien im Freien	**	000	St	**1130,00**	989,00 1266,00
		11	für Möbel im Gebäude	****	000	St	**860,00**	742,00 935,00
		12	für Möbel im Freien	**	000	St	**1590,00**	1379,00 1856,00
	03		**Provisorische Versorgung der Baustelle mit Energie und sanitären Einrichtungen**					
		01	Baustrom	*	000	St	**1230,00**	1069,00 1336,00
		02	Bauwasser	*	000	St	**1050,00**	909,00 1176,00
		11	WC-Kabine	*	000	St	**560,00**	481,00 631,00

Preisstand I/95 Index 221,8 (1976 = 100)

DIN 276	AK	AA	Bauteiltext	Lohn-anteil	LB-Nr.	Ein-heit	Preis DM	Preisspanne DM
391 *31911*	21		**Einbau behelfsm. Schutzvorrichtungen zur Gefahrenabwendung für Personen und Bauteile**					
		01	Bauzaun	**	000	m²	**57,00**	48,50 62,00
		02	Bautür	**	000	m²	**315,00**	273,00 350,00
		03	Fensteröffn. provisorisch schließen	**	000	m²	**61,00**	52,00 67,00
		11	Schutzgeländer	**	000	m²	**28,00**	23,00 33,00
		21	Überdachungen	**	000	m²	**69,00**	61,00 77,00
		31	Laufstege, ca. 1,0 m, mit Überdachung	**	000	m²	**140,00**	123,00 169,00
		41	Spanplattenabdeckungen	**	000	m²	**51,00**	45,00 59,00
		42	Abdeckungen mit Brettschalung	**	000	m²	**57,00**	49,00 69,00
		43	Folienabdeckung	**	000	m²	**8,00**	7,00 9,50
		45	Bäume durch Umbauung schützen	**	000	m²	**31,00**	26,00 36,00
	41		**Bauschild Herstellung u. Montage, incl. notwendiger Vorarbeiten**					
		01	Größe < 2,0 m²	***	000	pau	1990,00	1732,00 2168,00
		02	Größe = 2,0 – 4,0 m²	***	000	pau	3300,00	2280,00 4083,00
		03	Größe = 4,0 – 6,0 m²	***	000	pau	4850,00	3391,00 6056,00
		04	Größe = 6,0 – 8,0 m²	***	000	pau	6700,00	5825,00 8193,00

Preisstand I/95 Index 221,8 (1976 = 100)

DIN 276	AK	AA	Bauteiltext	Lohn-anteil	LB-Nr.	Ein-heit	Preis DM	Preisspanne DM
392 *31911*	01		**Außengerüste aufstellen Fassadengerüste, incl. notwendiger Vorarbeiten und Aussteifungen gemäß Vorschriften der Bau- Berufsgenossenschaft, normale Befestigung, incl. Dachdeckerschutzgerüst Vorhaltedauer 4 Wochen**					
		01	Malergerüste, Stahlrohr	*	001	m²	**16,00**	13,00 19,00
		11	Maurergerüste, Stahlrohr	*	001	m²	**18,00**	16,00 23,00
		21	Überstandsdauer: 4 Wochen	*	001	m²	**3,00**	3,00 5,00
		22	Überstandsdauer: 8 Wochen	*	001	m²	**6,00**	5,00 7,00
		31	Abplanung	*	001	m²	**6,00**	5,00 8,00
	11		**Innengerüste aufstellen als Raum-, Wand- oder Podestgerüste aus Stahlrohren bzw. Fertigelementen, incl. notwendiger Vorarbeiten, Aussteifungen, Zwischenlagen, Umwehrungen und Befestigungen gemäß Vorschriften der Bau-Berufsgenossenschaft, Vorhaltedauer 4 Wochen**					
		01	Malergerüste, Plattformhöhe bis 2 m	*	001	m²	**22,00**	18,00 25,00
		02	Malergerüste, Plattformhöhe bis 4 m	*	001	m²	**28,00**	23,00 33,00
		05	Maurergerüste, Plattformhöhe bis 2 m	*	001	m²	**28,00**	23,00 33,00
		06	Maurergerüste, Plattformhöhe bis 4 m	*	001	m²	**33,00**	28,00 38,00
		11	Überstandsdauer: 4 Wochen	*	001	m²	**4,00**	3,50 5,00
		12	Überstandsdauer: 8 Wochen	*	001	m²	**8,00**	6,50 8,50
		21	fahrbares Gerüst, 2 m², bis 2,5 m Höhe	*	001	m²	**380,00**	329,00 451,00

Preisstand I/95 Index 221,8 (1976 = 100)

DIN 276	AK	AA	Bauteiltext	Lohn-anteil	LB-Nr.	Ein-heit	Preis DM	Preisspanne DM
392 *31911*	21		**Teleskoplift als mobile Arbeitsplattform, incl. aller Vorarbeiten, Genehmigungen, Auf- und Abbau und Sicherungen**					
		01	Arbeitshöhe bis 12 m	*	001	Tag	470,00	412,00 540,00
		02	Arbeitshöhe bis 20 m	*	001	Tag	580,00	502,00 653,00
		03	Arbeitshöhe bis 40 m	*	001	Tag	670,00	588,00 839,00

Preisstand I/95 Index 221,8 (1976 = 100)

DIN 276	AK	AA	Bauteiltext	Lohnanteil	LB-Nr.	Einheit	Preis DM	Preisspanne DM
394 *31995*	01		**Bauwerk nach Rauminhalt abbrechen in Container laden und abfahren, incl. Gebühren (m^3 umbauter Raum)**					
		01	leichte Bauart, Maschineneinsatz	***	920	m^3	**22,00**	19,00 25,00
		02	normale Bauart, Maschineneinsatz	***	920	m^3	**26,00**	22,00 30,00
		03	schwere Bauart, Maschineneinsatz	***	920	m^3	**32,00**	28,00 36,00
		11	leichte Bauart, Handarbeit	***	920	m^3	**57,00**	47,00 63,00
		12	normale Bauart, Handarbeit	***	920	m^3	**66,00**	59,00 72,00
		13	schwere Bauart, Handarbeit	***	920	m^3	**91,00**	79,00 90,00
	02		**Wände und Stützen abbrechen in Container laden und abfahren, incl. Gebühren, Handarbeit (m^3 Mauerwerk oder Fachwerk)**					
		01	Mauerwerk ohne Abfangung	***	920	m^3	**410,00**	363,00 475,00
		02	Fachwerk ohne Abfangung	***	920	m^3	**330,00**	316,00 371,00
		03	Keller, Fundamente (Altbau)	***	920	m^3	**570,00**	486,00 639,00
		11	Mauerwerk mit Abfangung	***	920	m^3	**580,00**	497,00 458,00
		12	Fachwerk mit Abfangung	***	920	m^3	**465,00**	390,00 542,00
		21	Kaminköpfe über Dach	***	920	m^3	**1070,00**	959,00 1235,00
		31	Ausbruch aus Fundamentblock	***	920	m^3	**830,00**	742,00 968,00
	05		**Decken und Treppen abbrechen in Container laden und abfahren, incl. Gebühren, Handarbeit**					
		01	Betondecken	***	920	m^2	**415,00**	383,00 456,00
		02	Hohlkörperdecken	***	920	m^2	**235,00**	211,00 260,00
		03	Holzbalkendecken	***	920	m^2	**125,00**	103,00 148,00
		11	Betontreppen	***	920	m^2	**450,00**	423,00 521,00
		13	Holztreppen	***	920	m^2	**170,00**	148,00 212,00

Preisstand I/95 Index 221,8 (1976 = 100)

DIN 276	AK	AA	Bauteiltext	Lohn-anteil	LB-Nr.	Ein-heit	Preis DM	Preisspanne DM
394 *31995*	06		**Dächer abbrechen geneigte Dachkonstruktion aus Holz incl. Dacheindeckung, aber ohne Innenbekleidung in Container laden und abfahren, incl. Gebühren (m² Dachfläche)**					
		01	Bedingungen normal, einfache Dachform	***	920	m²	**61,00**	51,00 76,00
		02	Bedingungen erschwert, einfache Dachform	***	920	m²	**92,00**	76,00 107,00
		11	Bedingungen normal, komplizierte Dachform	***	920	m²	**73,00**	53,00 93,00
		12	Bedingungen erschwert, komplizierte Dachform	***	920	m²	**110,00**	93,00 132,00
	07		**Leichte Konstruktionen abbrechen in Container laden und abfahren, incl. Gebühren, Handarbeit**					
		01	Trennwände (Mauerwerk, Fachwerk)	***	920	m²	**73,00**	63,00 82,00
		02	Lattentrennwände, Plattenwände	***	920	m²	**26,00**	23,00 30,00
		11	abgehängte Decken	***	920	m²	**31,00**	26,00 33,00
		21	Decken-, Dach- u. Treppenbekleidung	***	920	m²	**35,00**	33,00 40,00
		22	Wandbekleidungen, innen	***	920	m²	**17,00**	16,00 20,00
		23	Wandbekleidungen, außen	***	920	m²	**17,00**	13,00 21,00
		31	Bodenbeläge ohne Unterkonstruktion	***	920	m²	**11,00**	10,00 13,00
		32	Bodenbeläge auf Lagerhölzern	***	920	m²	**30,00**	27,00 32,00
		33	Estrich und Plattenbeläge	***	920	m²	**26,00**	23,00 30,00
		41	Dachbeläge	***	920	m²	**33,00**	31,00 43,00
		51	Treppengeländer	***	920	m²	**31,00**	27,00 32,00
		61	Fachwerk entkernen	***	920	m²	**45,00**	45,00 73,00

Preisstand I/95 Index 221,8 (1976 = 100)

390 Sonstige Maßnahmen Baukonstrukt.

DIN 276	AK	AA	Bauteiltext	Lohn-anteil	LB-Nr.	Ein-heit	Preis DM	Preisspanne DM
394 *31995*	11		**Fenster und Türen ausbauen in Container laden und abfahren, incl. Gebühren**					
		01	Fenster, Größe < 1,00 m²	***	920	St	**110,00**	107,00 122,00
		02	Fenster, Größe = 1,00 – 2,00 m²	***	920	St	**170,00**	156,00 187,00
		03	Fenster, Größe = 2,00 – 3,00 m²	***	920	St	**240,00**	213,00 270,00
		04	Fenster, Größe > 3,00 m²	***	920	St	**285,00**	249,00 312,00
		11	Hauseinganstüren, 2,00 – 3,00 m²	***	920	St	**245,00**	208,00 267,00
		12	Eingangstüranlagen, 5,00 – 6,00 m²	***	920	St	**420,00**	357,00 500,00
		13	Einflügelige Innentüren	***	920	St	**72,00**	52,00 92,00
		14	Zweiflügelige Innentüren	***	920	St	**92,00**	69,00 113,00
		15	Feuerschutztüren	***	920	St	**130,00**	112,00 155,00
		16	Tore, 5,00 – 6,00 m²	***	920	St	**365,00**	315,00 481,00
		17	Tore, 6,00 – 8,00 m²	***	920	St	**410,00**	346,00 631,00
	21		**Einzelgeräte, -möbel demontieren sichern, ggfs. codieren, laden und bauseits vorgegeben lagern, einschl. Lagerungsgebühren**					
		01	Einzelmöbel, klein	***	920	St	**330,00**	291,00 379,00
		02	Einzelmöbel, groß	***	920	St	**720,00**	620,00 796,00
		03	Wandschränke, klein	***	920	St	**860,00**	771,00 955,00
		04	Wandschränke, groß	***	920	St	**1440,00**	1261,00 1637,00
		05	Theke, Buffet	***	920	St	**820,00**	721,00 941,00

Preisstand I/95 Index 221,8 (1976 = 100)

DIN 276	AK	AA	Bauteiltext	Lohn-anteil	LB-Nr.	Ein-heit	Preis DM	Preisspanne DM
398 *62000*	01		**Baureinigung Gebäudereinigung der Wohnungen und Gemeinschaftsräume: Boden, Fenster und sanitäre Einrichtungsgegenstände**					
		01	eine Schlußreinigung	****	033	NFL	**7,00**	5,00 8,00
		11	mehrfache Reinigung, Bauzeit	****	033	NFL	**13,00**	10,00 16,00
		12	ständige Reinigung, Bauzeit	****	033	NFL	**26,00**	20,00 33,00
	02		**Bauaustrocknung Trocknung der modernisierten Bereiche, incl. Kontrolle, Auf- und Abbau**					
		01	Heizstrahler	**	918	m^2	**11,00**	8,00 13,00
		02	Warmluftgeräte	**	918	m^2	**17,00**	13,00 20,00

Preisstand I/95 Index 221,8 (1976 = 100)

DIN 276	AK	AA	Bauteiltext	Lohn-anteil	LB-Nr.	Ein-heit	Preis DM	Preisspanne DM
399 *31991*	01		**Balkone/Wintergärten Stahl-/Holzkonstruktion als vorgesetzte Konstruktion vor Fassaden, incl. Entwässerung, Fassadenanschlüssen und Oberflächenbehandlung, Bodenplatten, Geländer und Brüstungen, Wintergarten mit Iso-Glas**					
		01	Balkone, Tiefe = ca. 1,0 m	**	919	m	**1140,00**	1032,00 1252,00
		02	Balkone, Tiefe = ca. 1,0 – 1,5 m	**	919	m	**1360,00**	1252,00 1453,00
		03	Balkone, Tiefe = ca. 1,5 – 2,0 m	**	919	m	**1570,00**	1453,00 1689,00
		04	Balkone, aufwendige Formen	**	919	m	**2000,00**	1689,00 2275,00
		11	Wintergärten, Tiefe = ca. 2 m	**	919	m	**4050,00**	3768,00 4313,00
		12	Wintergärten, Tiefe = ca. 3 m	**	919	m	**4700,00**	4313,00 5118,00
		13	Wintergärten, Tiefe = ca. 4 m	**	919	m	**5400,00**	5118,00 6060,00
	11		**Schächte im Erdreich, incl. notwendiger Vorarbeiten, Bodenaushub, Abfuhr, Bodenplatte als Fertigteil, Aufmauern der Seitenwände, Verputz oder Verfugung und Abdeckung mit Gitterrost oder Riffelblech in Rahmen**					
		01	Lichtschächte, Tiefe = ca. 0,5 m	**	012	St	**1180,00**	1032,00 1309,00
		02	Lichtschächte, Tiefe = ca. 1,0 m	**	012	St	**1460,00**	1285,00 1567,00
		03	Lichtschächte, Tiefe = ca. 1,5 m	**	012	St	**1760,00**	1567,00 1923,00
		11	Revisionsschächte, Tiefe = ca. 0,8 m, innen	**	012	St	**1830,00**	1567,00 1993,00
		12	Revisionsschächte, Tiefe = ca. 3,0 m, außen	**	012	St	**3650,00**	3207,00 3990,00
		21	Pumpensümpfe, Tiefe = ca. 0,5 m, innen	**	012	St	**1290,00**	1168,00 1470,00

Preisstand I/95 Index 221,8 (1976 = 100)

DIN 276	AK	AA	Bauteiltext	Lohn-anteil	LB-Nr.	Ein-heit	Preis DM	Preisspanne DM
399 *31991*	21		**Emporen Holzkonstruktion, auf Stützen oder Tragbalken, incl. notwendiger Vorarbeiten, Unterböden und Oberflächenbehandlung, Leitern, Geländer und Oberbeläge auf Spanplatten/Dielungen**					
		01	einfache Konstruktion	**	016	m²	**470,00**	432,00 512,00
		02	mittlere Konstruktion	**	016	m²	**610,00**	679,00 639,00
		03	aufwendige Konstruktion	**	016	m²	**740,00**	703,00 808,00
	26		**Vordächer Dachüberstand max. 1 m als vorgefertigte Konstruktion an der Außenwand angebracht, incl. notwendiger Vorarbeiten, Befestigungen, Oberflächenbehandlung und dauerelastischer Fugenabdichtung**					
		01	Metall- / Glaskonstruktion	**	031	m	**610,00**	518,00 708,00
		02	Holz- / Glaskonstruktion	**	016	m	**570,00**	482,00 657,00
		03	Holzkonstruktion, Eindeckung	**	016	m	**560,00**	613,00 643,00
	31		**Offene Kamine, incl. notwendiger Vorarbeiten, Anschlüsse an vorhandene Kaminzüge, Einbausatz Formteile Kamin, Rauchabzugshauben, Verkleidung und Gestaltung**					
		01	einf. Ausführung, ohne Abfangung	**	919	St	**10000,00**	6839,00 13823,00
		03	gehob. Ausführung, ohne Abfangung	**	919	St	**19300,00**	13823,00 25936,00
		04	für Heizungsanschl., ohne Abfangung	**	919	St	**15000,00**	10973,00 20378,00
		11	einf. Ausführung, mit Abfangung	**	919	St	**11500,00**	8408,00 15675,00
		12	gehob. Ausführung mit Abfangung	**	919	St	**21180,00**	15675,00 29213,00
		13	für Heizungsanschluß, mit Abfangung	**	919	St	**17050,00**	12398,00 23085,00

Preisstand I/95 Index 221,8 (1976 = 100)

DIN 276	AK	AA	Bauteiltext	Lohn-anteil	LB-Nr.	Ein-heit	Preis DM	Preisspanne DM
399 *31991*	41		**Schornsteine aus Formteilen, Führung bis über Dach, incl. Abschlußöffnungen, Verfugung und Abdichtung**					
		01	je Zug 14 x 14 cm	**	012	m	**135,00**	115,00 146,00
		02	je Zug 14 x 20 cm	**	012	m	**160,00**	140,00 183,00
		03	je Zug 20 x 20 cm	**	012	m	**205,00**	176,00 227,00
		04	je Zug 20 x 25 cm	**	012	m	**250,00**	218,00 290,00
	51		**Schornsteine instandsetzen, incl. notwendiger Vorarbeiten, Abdeckungen und Schutzmaßnahmen**					
		01	Edelstahlrohr einziehen	*	919	m	**175,00**	161,00 203,00
		02	Keramikrohr einziehen	*	919	m	**190,00**	161,00 203,00
		03	Ausschleudern mit Spezialglasur	**	919	m	**150,00**	135,00 169,00
		04	Alu/PVC-Rohre f. Brennwertkes. einz.	*	919	m	**98,00**	83,00 143,00
		11	neue Reinigungsschieber einsetzen	***	012	m	**100,00**	92,00 115,00
		21	Kaminkopf, einzügig, neu aufmauern	**	012	m	**335,00**	296,00 373,00
		22	Kaminkopf, zweizügig, neu aufm.	**	012	m	**380,00**	337,00 471,00
		23	Kaminkopf, dreizügig, neu aufm.	**	012	m	**405,00**	372,00 471,00
		24	Kaminkopf, vierzügig, neu aufm.	**	012	m	**460,00**	421,00 503,00
		31	Ausbrennen vorhandener Kaminzüge	****	919	m	**13,00**	10,00 16,00
		41	Standrohre aufsetzen	**	919	m	**170,00**	146,00 192,00

Preisstand I/95 Index 221,8 (1976 = 100)

DIN 276	AK	AA	Bauteiltext	Lohn-anteil	LB-Nr.	Ein-heit	Preis DM	Preisspanne DM
411 *32100*	01		**Komplett-Bauteil Einbau Abwasserinstallation, komplett je Strang und Geschoß (S/G), incl. notwendiger Vorarbeiten, aller Installationen und zentr. Anlagen**					
		01	Wohngeschoß mit Anschluß	**	044	S/G	**950,00**	855,00 1069,00
		02	Wohngeschoß ohne Anschluß	**	044	S/G	**450,00**	399,00 502,00
		11	Kellergeschoß, bis 5,0 m Leitungen	**	044	S/G	**430,00**	385,00 487,00
		12	Kellergeschoß, bis 10,0 m Leitungen	**	044	S/G	**610,00**	540,00 670,00
		21	Dachgeschoß incl. Entlüftung	**	044	S/G	**155,00**	142,00 179,00
	11		**Abwasserleitungen, incl. notwendiger Vorarbeiten, Befestigungen, Verbindungsstücke, Bögen, Paß-Stücke, Anschlüsse und Revisionen**					
		01	NW 50 PVC	**	044	m	**41,00**	37,00 43,00
		02	NW 70 PVC	**	044	m	**55,00**	49,00 57,00
		03	NW 100 PVC	**	044	m	**63,00**	57,00 67,00
		04	NW 125 PVC	**	044	m	**92,00**	80,00 98,00
		11	NW 100 Faserzement	**	044	m	**93,00**	87,00 101,00
		21	NW 100 Guß	**	044	m	**105,00**	101,00 110,00
		31	Grundleitung, incl. Graben, NW 100 PVC	***	044	m	**165,00**	148,00 175,00
		32	Grundleitung, incl. Graben, NW 125 PVC	***	044	m	**180,00**	168,00 203,00
		33	Grundleitung, incl. Graben, NW 150 PVC	***	044	m	**205,00**	188,00 229,00
		35	Anschl. an vorh. Grundleitung/Kanal	***	044	m	**150,00**	125,00 169,00
		41	Grundleitungen mit Feder reinigen	****	044	m	**20,00**	16,00 23,00

Preisstand I/95 Index 221,8 (1976 = 100)

DIN 276	AK	AA	Bauteiltext	Lohn-anteil	LB-Nr.	Ein-heit	Preis DM	Preisspanne DM
411 *32100*	21		**Sonderbauteile/-Anlagen Abwasser, incl. notwendiger Vorarbeiten und Anschlüsse**					
		01	Bodeneinlauf, ohne Geruchsverschl.	**	044	St	**140,00**	113,00 171,00
		02	Bodeneinlauf, mit Geruchsverschl.	**	044	St	**170,00**	142,00 192,00
		03	Bodeneinlauf, mit Rückstauverschl.	**	044	St	**400,00**	342,00 456,00
		04	Hofablauf, frostsicher	**	044	St	**690,00**	570,00 855,00
		05	Einlaufrinne, L = 1,00 m	**	044	St	**530,00**	465,00 562,00
		06	Einlaufrinne, L = 1,00 m, befahrbar	**	044	St	**630,00**	545,00 672,00
		11	Öl-/Fettabscheider	**	044	St	**1430,00**	1140,00 1823,00
		21	Schmutzwasserpumpe	**	046	St	**1880,00**	1567,00 2138,00
		31	Fäkalien-Hebeanlage	**	046	St	**9050,00**	7838,00 9970,00

Preisstand I/95 Index 221,8 (1976 = 100)

DIN 276	AK	AA	Bauteiltext	Lohn-anteil	LB-Nr.	Ein-heit	Preis DM	Preisspanne DM
412 *32200*	01		**Komplett-Bauteil Einbau sanitäre Rauminstallation, kompl. für ein Bad/WC, incl. notwendiger Vorarbeiten, anteiliger Abwasser- bzw. Wasserleitungen, sanitäre Einrichtungsgegenständen, Anschlüsse, Isolierungen, Armaturen und Wannenabmauerungen**					
		01	WC, Handwaschbecken, einfach	**	045	St	**2750,00**	2442,00 2948,00
		02	WC, Handwaschbecken, gehoben	**	045	St	**3300,00**	3016,00 3551,00
		11	Dusche, Waschb., WC, einfach	**	045	St	**3450,00**	3101,00 3713,00
		12	Dusche, Waschb., WC, gehoben	**	045	St	**3950,00**	3591,00 4359,00
		21	Dusch-/Liegew., Waschb., WC, einf.	**	045	St	**4100,00**	3745,00 5285,00
		22	Dusch-/Liegew., Waschb., WC, gehob.	**	045	St	**4850,00**	4487,00 5423,00
		31	Wanne, WC, Bidet, Waschb., einf.	**	045	St	**4950,00**	4513,00 5458,00
		32	Wanne, WC, Bidet, Waschb., gehob.	**	045	St	**5600,00**	5021,00 6106,00
		41	Kücheninstallation, einfach	**	045	St	**1180,00**	1069,00 1280,00
		42	Kücheninstallation, gehoben	**	045	St	**1760,00**	1567,00 1909,00
	11		**Kalt-/Warmwasserleitungen je Strang und Geschoß (Str + G) aus Kupfer, incl. notwendiger Vorarbeiten, Anschlüsse, Ventile, Filter, Zähler, Zapfhähne, Zuschläge und Isolierung**					
		01	Wohngeschoß mit Anschluß	**	042	S/G	**1430,00**	1309,00 1539,00
		02	Wohngeschoß ohne Anschluß	**	042	S/G	**285,00**	255,00 313,00
		11	Kellergeschoß, bis 5,0 m Leitungen	**	042	S/G	**640,00**	591,00 697,00
		12	Kellergeschoß, bis 10,0 m Leitungen	**	042	S/G	**930,00**	863,00 1023,00
		21	Zulage Be-/Entlüft. oberstes Geschoß	**	042	S/G	**190,00**	153,00 216,00

Preisstand I/95 Index 221,8 (1976 = 100)

DIN 276	AK	AA	Bauteiltext	Lohn-anteil	LB-Nr.	Ein-heit	Preis DM	Preisspanne DM
412 *32200*	21		**Sanitäre Einrichtungsgegenstände, incl. notwendiger Vorarbeiten, Befestigungen, Isolierungen, Armaturen und Zubehörteilen**					
		01	Waschbecken, einfache Qualität	**	045	St	**485,00**	436,00 540,00
		02	Waschbecken, gehobene Qualität	**	045	St	**800,00**	708,00 853,00
		03	Handwaschbecken, einfache Qualität	**	045	St	**325,00**	293,00 361,00
		04	Handwaschbecken, gehob. Qualität	**	045	St	**465,00**	419,00 511,00
		11	WC-Anlagen, einfache Qualität	**	045	St	**495,00**	446,00 541,00
		12	WC-Anlagen, gehobene Qualität	**	045	St	**650,00**	581,00 708,00
		13	Urinale, einfache Qualität	**	045	St	**670,00**	601,00 729,00
		14	Urinale, gehobene Qualität	**	045	St	**820,00**	732,00 901,00
		21	Duschwannen, einfache Qualität	**	045	St	**495,00**	443,00 540,00
		22	Duschwannen, gehobene Qualität	**	045	St	**660,00**	599,00 720,00
		23	Liegewannen, einfache Qualität	**	045	St	**610,00**	557,00 663,00
		24	Liegewannen, gehobene Qualität	**	045	St	**740,00**	663,00 803,00
		31	Bidets, einfache Qualität	**	045	St	**840,00**	760,00 922,00
		32	Bidets, gehobene Qualität	**	045	St	**990,00**	893,00 1068,00
		41	Duschabtrennungen, einf. Qualität	**	045	St	**1080,00**	961,00 1177,00
		42	Duschabtrennungen, gehob. Qualität	**	045	St	**2000,00**	1763,00 2151,00
		51	Küchenspülen, einfache Qualität	**	045	St	**490,00**	428,00 542,00
		52	Küchenspülen, gehobene Qualität	**	045	St	**670,00**	599,00 733,00
		55	Stahl-Ausgußbecken	**	045	St	**245,00**	211,00 268,00
		61	Wasserzähler, auf Putz	**	042	St	**215,00**	185,00 267,00
		62	Wasserzähler, unter Putz	**	042	St	**180,00**	150,00 238,00
		71	Waschmaschinenanschluß, komplett	**	045	St	**285,00**	246,00 315,00

Preisstand I/95 Index 221,8 (1976 = 100)

DIN 276	AK	AA	Bauteiltext	Lohn-anteil	LB-Nr.	Ein-heit	Preis DM	Preisspanne DM
412 *32200*	31		**Warmwasserbereiter, incl. notwendiger Vorarbeiten, Anschlüssen, Befestigungen und Energieversorgung**					
		01	Gasboiler, zentrale Bereitung	**	040	St	**5150,00**	4569,00 5680,00
		02	Gasboiler, dezentrale Bereitung	**	046	St	**3050,00**	2738,00 3411,00
		03	Gasdurchlauferhitzer, dezentral	**	046	St	**1750,00**	1567,00 1958,00
		11	Elektroboiler, zentrale Bereitung	**	040	St	**5700,00**	5157,00 7125,00
		12	Elektroboiler, dezentrale Bereitung	**	046	St	**3050,00**	2707,00 3409,00
		13	Elektro-5-Liter-Kochendwassergerät	**	046	St	**360,00**	320,00 392,00
		14	Elektrodurchlauferhitzer, dezentral	**	046	St	**650,00**	571,00 708,00
		31	Brauchwasserwärmepumpe, Speicher	**	040	St	**5850,00**	4863,00 7749,00
		32	Solar-WWber., Kollektor, Sp., 2 – 5 Pers.	**	040	St	**12250,00**	8551,00 15498,00
		33	Solar-WWber., Kollektor, Sp., 5 – 10 Pers.	**	040	St	**19500,00**	13895,00 24049,00
	41		**Regenwassersammelanlage, incl. notwendiger Vorarbeiten, Tanks, Druckpumpe, Grob- und Feinfilter, Anschlüsse, Überlauf, Trockenlaufschutz und Befestigungen**					
		01	Innentank, bis 2 Wohneinheiten	**	042	St	**5150,00**	4382,00 5259,00
		02	Innentank, 2 – 5 Wohneinheiten	**	042	St	**6750,00**	5879,00 7673,00
		03	Innentank, 5 – 10 Wohneinheiten	**	042	St	**9350,00**	8145,00 11437,00
		11	Außen- / Erdtank, bis 2 Wohneinh.	**	042	St	**6150,00**	5343,00 6706,00
		12	Außen- / Erdtank, 2 – 5 Wohneinh.	**	042	St	**7000,00**	6133,00 7501,00
		13	Außen- / Erdtank, 5 – 10 Wohneinh.	**	042	St	**8700,00**	7615,00 9503,00
		21	bei Nutzung eines vorhand. Tanks	**	042	St	**4300,00**	2298,00 5232,00

Preisstand I/95 Index 221,8 (1976 = 100)

DIN 276	AK	AA	Bauteiltext	Lohn-anteil	LB-Nr.	Ein-heit	Preis DM	Preisspanne DM
420 *32300*	01		**Komplett-Bauteil Heizung, Installation komplett, incl. notwendiger Vorarbeiten, Verteilung, Heizleitungen, Heizflächen, Wärmeerzeuger und Regelungen, aber ohne Abgasanlage (Komplettes System pro m² Wohn-/Nutzfläche)**					
		01	Gaszentralheizung	**	040	Nfl	**120,00**	106,00 133,00
		04	Flüssiggaszentralheizung, incl. Tank	**	040	Nfl	**140,00**	127,00 156,00
		05	Fernwärmehz., incl. Übergabestation	**	040	Nfl	**140,00**	111,00 159,00
		06	Ölzentralheizung mit Kellertank	**	040	Nfl	**160,00**	132,00 173,00
		07	Ölzentralheizung mit Erdtank	**	040	Nfl	**170,00**	142,00 188,00
		08	Kohlezentralheizung	**	040	Nfl	**140,00**	120,00 161,00
		21	Gasetagenheizung Wfl. 50 – 80 m²	**	040	Nfl	**150,00**	128,00 171,00
		22	Gasetagenheizung Wfl. über 80 m²	**	040	Nfl	**140,00**	120,00 162,00
		41	Gas-Einzelöfen	**	040	Nfl	**135,00**	113,00 148,00
	02		**Komplett-Bauteil Heizung, Installation komplett, mit WW-Bereitung komplett, incl. notwendiger Vorarbeiten, Speicher, Verteilung, Heizleitungen, Heizflächen, Wärmeerzeuger und Regelungen, aber ohne Abgasanlage (Komplettes System pro m² Wohn-/Nutzfläche)**					
		01	Gaszentralheizung	**	040	Nfl	**140,00**	132,00 159,00
		04	Flüssiggas-Zentralheizung	**	040	Nfl	**160,00**	150,00 178,00
		05	Fernwärmehz., incl. Übergabestation	**	040	Nfl	**160,00**	125,00 181,00
		06	Ölzentralheizung mit Kellertank	**	040	Nfl	**180,00**	170,00 211,00
		07	Ölzentralheizung mit Erdtank	**	040	Nfl	**190,00**	169,00 215,00
		08	Kohlezentralheizung	**	040	Nfl	**160,00**	141,00 183,00
		21	Gasetagenheizung, Wfl. 50 – 80 m²	**	040	Nfl	**180,00**	165,00 210,00
		22	Gasetagenheizung, Wfl. über 80 m²	**	040	Nfl	**160,00**	133,00 188,00

Preisstand I/95 Index 221,8 (1976 = 100)

DIN 276	AK	AA	Bauteiltext	Lohn-anteil	LB-Nr.	Ein-heit	Preis DM	Preisspanne DM
421 *32300*	01		**Wärmeerzeuger, incl. notwendiger Vorarbeiten, Befestigung, Fundamentierung, Anschlüsse an Rohrnetz und Ver- und Entsorgungsleitungen, Verdrahtung und witterungsgeführter Regelungen, aber ohne Abgasanlage**					
		01	zentral, Ölkessel, 19 – 44 KW	**	040	St	**9350,00**	8265,00 10102,00
		02	zentral, Ölkessel, 45 – 90 KW	**	040	St	**18550,00**	16672,00 21091,00
		05	zentral, Kohlekessel, 19 – 44 KW	**	040	St	**8320,00**	6936,00 9157,00
		06	zentral, Wechselbrand, 19 – 44 KW	**	040	St	**9650,00**	8549,00 11113,00
		11	zentral, Gaskessel, 19 – 44 KW	**	040	St	**7100,00**	6413,00 7981,00
		12	zentral, Gaskessel, 45 – 90 KW	**	040	St	**16500,00**	14250,00 18951,00
		13	zentral, Brennwertkessel, bis 20 KW	**	040	St	**7400,00**	6622,00 8333,00
		14	zentral, Brennwertkessel, 20 – 44 KW	**	040	St	**7950,00**	7423,00 8757,00
		21	dezentral, Gasgerät, Kaminanschluß	**	040	St	**3800,00**	3098,00 4273,00
		22	dezentr. Gasger., Außenwandanschl.	**	040	St	**4100,00**	3563,00 4559,00
		51	Gaseinzelöfen, Kaminanschluß	**	040	St	**1140,00**	997,00 1282,00

Preisstand I/95 Index 221,8 (1976 = 100)

Wärmeversorgungsanlagen: Wärmeerzeugungsanlagen Kostengruppe 421

DIN 276	AK	AA	Bauteiltext	Lohn-anteil	LB-Nr.	Ein-heit	Preis DM	Preisspanne DM
421 *32300*	11		**Wärmeerzeuger mit Warmwasserbereitung, incl. notwendiger Vorarbeiten, Speicher, Befestigung, Fundamentierung, Anschlüsse an Rohrnetz und Ver- und Entsorgungsleitungen, Verdrahtung und witterungsgeführter Regelung, aber ohne Abgasanlage**					
		01	Ölkessel, 19 – 44 KW	**	040	St	**750,00**	9832,00 12823,00
		02	Ölkessel, 45 – 90 KW	**	040	St	**105,00**	18526,00 23853,00
		05	Kohlekessel, 19 – 44 KW	**	040	St	**10600,00**	9608,00 11898,00
		06	Wechselbrandkessel, 19 – 44 KW	**	040	St	**11070,00**	10118,00 12825,00
		11	Gaskessel, 19 – 44 KW	**	040	St	**9500,00**	8141,00 11541,00
		12	Gaskessel, 45 – 90 KW	**	040	St	**19400,00**	17242,00 21946,00
		13	Gasbrennwertkessel, bis 20 KW	**	040	St	**9850,00**	9006,00 11067,00
		14	Gasbrennwertkessel, 20 – 44 KW	**	040	St	**10700,00**	10130,00 11478,00
		21	dezentral, Gasgerät, Kaminanschluß	**	040	St	**4200,00**	3705,00 4706,00
		22	dezentral, Gasgerät, Außenwand	**	040	St	**4650,00**	3991,00 5128,00
	51		**Wärmeerzeuger instandsetzen, incl. notwendiger Vorarbeiten**					
		01	Brenner erneuern	***	040	St	**2150,00**	1710,00 2565,00
		11	Feuerfeste Auskleidung erneuern	***	040	St	**720,00**	427,00 998,00

Preisstand I/95 Index 221,8 (1976 = 100)

DIN 276	AK	AA	Bauteiltext	Lohn-anteil	LB-Nr.	Ein-heit	Preis DM	Preisspanne DM
422 *32300*	01		**Heizungsleitungen aus Kupfer, für Zweirohrsystem, incl. notwendiger Vorarbeiten, Befestigungen, Verbindungsstücke, Isolierungen und Anschlüsse**					
		01	für Zentralheizung, auf Putz	**	040	Nfl	**35,00**	31,00 39,00
		02	für Zentralheizung, unter Putz	**	040	Nfl	**48,00**	43,00 53,00
		11	für Etagenheizung, auf Putz	**	040	Nfl	**33,00**	26,00 39,00
		12	für Etagenheizung, unter Putz	**	040	Nfl	**45,00**	43,00 52,00
	11		**Heizungsleitungen dämmen, incl. notwendiger Vorarbeiten**					
		01	Schaumkunststoffe o. ä.	***	040	Nfl	**8,00**	7,00 10,00

Preisstand I/95 Index 221,8 (1976 = 100)

DIN 276	AK	AA	Bauteiltext	Lohn-anteil	LB-Nr.	Ein-heit	Preis DM	Preisspanne DM
423 *32300*	01		**Heizflächen, incl. notwendiger Vorarbeiten, Anschlüsse, Regelungen, Oberflächenbehandl. und 2-maliger Montage (pro m² Wohn-/Nutzfläche)**					
		01	Stahlradiatoren	**	040	Nfl	**57,00**	50,00 63,00
		02	Gußradiatoren	**	040	Nfl	**83,00**	72,00 96,00
		11	Flächen-HK, fert. Oberfläche, einf.	**	040	Nfl	**50,00**	45,00 57,00
		12	Flächen-HK, fert. Oberfläche, gehob.	**	040	Nfl	**72,00**	57,00 100,00
		21	Fußbodenhz., Dämmung, incl. Estrich	**	040	Nfl	**120,00**	106,00 143,00
		22	Fußbodenheizung, Trockensystem	**	040	Nfl	**175,00**	142,00 213,00
		51	Thermostatventile nachrüsten	***	040	Nfl	**5,00**	5,00 7,00
		52	Witter.-Vorlaufregelung nachrüsten	***	040	Nfl	**11,00**	7,00 12,00
		55	Heizkörper reinigen	****	040	Nfl	**15,00**	12,00 17,00
	11		**Meßeinrichtungen, Wärmezähler, incl. notwendiger Vorarbeiten beim Nachrüsten auf vorhandenen Anlagen**					
		01	Verdunstungsröhrchen, je Heizkörper	**	040	St	**37,00**	28,00 40,00
		02	elektron. Temp.diff.-Zähler, je Hzg.	**	040	St	**140,00**	110,00 171,00
		11	Durchfluß-Wärmemengenzähler	**	040	St	**810,00**	701,00 996,00

Preisstand I/95 Index 221,8 (1976 = 100)

DIN 276	AK	AA	Bauteiltext	Lohn-anteil	LB-Nr.	Ein-heit	Preis DM	Preisspanne DM
430 *32700*	01		**Raumentlüftung von innenliegenden Räumen mit Lüftungskanälen, incl. notwendiger Vorarbeiten, Formteilen, Bögen, Verankerungen, Ausbildungen über Dach, Lüftungsöffnungen, Abdeckungen mit Lüftungssieben und Isolierung**					
		01	Einzelschächte, Berliner Lüftung	**	076	m	**220,00**	199,00 243,00
		02	Einzelschächte, Kölner Lüftung	**	076	m	**260,00**	255,00 313,00
		11	Sammelschachtanlage	**	076	m	**335,00**	327,00 412,00
		12	Kaminzüge für Lüftung umnutzen	***	076	m	**21,00**	19,00 28,00
		21	Sammelleitung für Ventilatoren	**	076	m	**100,00**	93,00 1080,00
	11		**Zwangsentlüftung von innenliegenden Räumen durch Ventilatoren mit elektrischer Schaltung und Regelung, incl. notwendiger Vorarbeiten, Abdeckungen und Lüftungssieben**					
		01	Ventilatoren für Leitungsanschluß	***	076	St	**510,00**	493,00 610,00
		11	Lüftungshauben m. Leitungsanschluß	***	052	St	**360,00**	313,00 399,00
		21	Außenwandventilatoren für Küchen	***	076	St	**450,00**	399,00 486,00

Preisstand I/95 Index 221,8 (1976 = 100)

DIN 276	AK	AA	Bauteiltext	Lohn-anteil	LB-Nr.	Ein-heit	Preis DM	Preisspanne DM
444 *32500*	01		**Komplett-Bauteil Elektroinstallation, komplett incl. notwendiger Vorarbeiten, aller Installationen und zentralen Anlagen (pro m² Wohn-/Nutzfläche)**					
		01	Elektroinst., Nutzfläche bis 50 m²	***	052	Nfl	**107,00**	95,00 120,00
		02	Elektroinst., Nutzfläche 50 – 80 m²	***	052	Nfl	**96,00**	70,00 110,00
		03	Elektroinst., Nutzfläche über 80 m²	***	052	Nfl	**86,00**	65,00 99,00
	02		**Komplett-Bauteil Elektroinstallation, abgeschirmt incl. notwendiger Vorarbeiten, aller Installationen und zentralen Anlagen, Leitungen abgeschirmt, mit Netzfreischaltung in den Schlafräumen (pro m² Wohn-/Nutzfläche)**					
		01	Nutzfläche bis 50 m²	***	052	Nfl	**130,00**	100,00 145,00
		02	Nutzfläche 50 – 80 m²	***	052	Nfl	**120,00**	96,00 132,00
		03	Nutzfläche über 80 m²	***	052	Nfl	**105,00**	83,00 121,00
	11		**Kabelkanäle für Elektroleitungen in Zusammenhang mit Montage auf Putz**					
		01	einfache Ausführung	***	052	m	**10,00**	8,00 13,00
		11	für mehrere Leitungen	***	052	m	**17,00**	15,00 26,00
		21	Abschottungen, mehrere Leitungen	***	052	m	**63,00**	51,00 78,00

Preisstand I/95 Index 221,8 (1976 = 100)

DIN 276	AK	AA	Bauteiltext	Lohn-anteil	LB-Nr.	Ein-heit	Preis DM	Preisspanne DM
444 *32500*	51		**Elektroinstallation ergänzen, nicht mehr zulässige Teile in vorhandener Anlage erneuern, incl. notwendiger Vorarbeiten**					
		01	Zählerschrank, bis 2 Nutzungseinheiten	***	052	St	**1350,00**	1176,00 1588,00
		02	Zählerschrank, 2 – 4 Nutzungseinheiten	***	052	St	**2000,00**	1763,00 2222,00
		03	Zählerschrank, 4 – 8 Nutzungseinheiten	***	052	St	**2600,00**	2296,00 2939,00
		04	Steigleitung, pro Geschoß	***	052	St	**150,00**	132,00 179,00
		05	Leerrohre für Fernmeldeanlagen	***	052	St	**73,00**	62,00 88,00
		11	Wohnungsunterverteilung, komplett	***	052	St	**490,00**	432,00 653,00
		12	FI – Schalter nachrüsten	***	052	St	**215,00**	185,00 239,00
		13	Netzfreischalter nachrüsten	***	052	St	**345,00**	303,00 383,00

Preisstand I/95 Index 221,8 (1976 = 100)

DIN 276	AK	AA	Bauteiltext	Lohn-anteil	LB-Nr.	Ein-heit	Preis DM	Preisspanne DM
445 *45000*	01		**Einbau Beleuchtung bestehend aus Einzellampen, Leuchten und Röhrenlampen, incl. Anschlüsse**					
		01	Leuchten, einfache Ausführung	*	052	St	**100,00**	67,00 133,00
		02	Leuchten, gehobene Ausführung	*	052	St	**205,00**	169,00 270,00
		03	Allgemeinbereiche	*	052	St	**135,00**	101,00 202,00
	11		**Einbau gewerbliche Beleuchtung bestehend aus Einzellampen, Leuchten und Lichtbändern, incl. Anschlüsse**					
		01	Leuchten, einfache Ausführung	*	052	St	**135,00**	101,00 168,00
		02	Leuchten, gehobene Ausführung	*	052	St	**340,00**	270,00 533,00

Preisstand I/95 Index 221,8 (1976 = 100)

DIN 276	AK	AA	Bauteiltext	Lohn-anteil	LB-Nr.	Ein-heit	Preis DM	Preisspanne DM
446 *32500*	01		**Blitzschutz, komplett, incl. notwendiger Vorarbeiten, aller Installationen und Anschlüsse**					
		01	einfache Dachflächen	***	050	m^2	**47,00**	40,00 56,00
		02	komplizierte Dachflächen	***	050	m^2	**59,00**	51,00 69,00

Preisstand I/95 Index 221,8 (1976 = 100)

DIN 276	AK	AA	Bauteiltext	Lohn-anteil	LB-Nr.	Ein-heit	Preis DM	Preisspanne DM
450 *32600*	01		**Dachantennen für Fernseh- und Rundfunk, incl. notwendiger Vorarbeiten, Kabel, Zubehör, Befestigungen, Abdichtung der Dachhaut und Antennenverstärker**					
		01	Einzelantennen, für eine Wohnung	***	065	St	**1430,00**	997,00 1712,00
		11	zentral, für 2 – 4 Wohnungen	***	065	St	**2550,00**	2155,00 2979,00
		12	zentral, für 5 – 8 Wohnungen	***	065	St	**2850,00**	2286,00 3277,00
		13	zentral, für 9 – 12 Wohnungen	***	065	St	**3900,00**	3277,00 4412,00
		14	zentral, für 13 – 20 Wohnungen	***	065	St	**4950,00**	4262,00 5701,00
		21	nur Antenneneinheit erneuern	**	065	St	**2150,00**	1780,00 2410,00
	11		**Sonstige Fernmeldetechnik je Nutzungseinheit (NE), incl. notwendiger Vorarbeiten, Anschlüsse und Leitungen**					
		01	Telefon-Leerrohranlage	***	061	NE	**285,00**	243,00 313,00
		11	Klingel, Türdrücker/-öffner	***	053	NE	**170,00**	142,00 200,00
		21	Gegensprechanl. m. Klingel/Türöffner	***	053	NE	**285,00**	255,00 313,00
		22	Telefonanlage, gewerblich	***	061	NE	**395,00**	351,00 431,00
	21		**Breitbandkabelanlagen je Nutzungseinheit (NE), incl. notwendiger Vorarbeiten, Kabel, Zubehör, Befestigungen und Verstärker**					
		01	für Fernseh- und Rundfunk	***	065	NE	**455,00**	428,00 712,00
		11	für Datenübertragung	***	065	NE	**455,00**	428,00 712,00
		20	Fernseh-, Rundfunk, gewerblich	***	065	NE	**860,00**	740,00 948,00
		21	Datenübertragung, gewerblich	***	065	NE	**1090,00**	960,00 1178,00

Preisstand I/95 Index 221,8 (1976 = 100)

DIN 276	AK	AA	Bauteiltext	Lohn-anteil	LB-Nr.	Ein-heit	Preis DM	Preisspanne DM
460 *33800*	01		**Personenaufzüge je Haltestelle, incl. notwendiger Vorarbeiten, Steuerung, Anzeigevorrichtungen, Schachtabschlüsse, Kabine, Kabinenverkleidung und Maschinen mit Zubehör (ohne Rohbauarbeiten)**					
		01	bis 4 Personen	**	069	St	**27150,00**	23568,00 30302,00
		02	bis 8 Personen	**	069	St	**33450,00**	30302,00 37036,00
	11		**Lastenaufzüge je Haltestelle für kleinere Lasten, incl. notwendiger Vorarbeiten, Steuerung, Kabine, Maschine, Schachtabschlüsse, Verkleidungen, Steuerung und Zubehör (ohne Rohbauarbeiten)**					
		01	Speiseaufzug, Kabine bis 0,5 m^2	**	069	St	**10200,00**	8081,00 10773,00
		02	Lastenaufzug, Kabine bis 1,0 m^2	**	069	St	**13500,00**	10773,00 15306,00
	21		**Parksysteme für PKW, incl. notwendiger Vorarbeiten, Steuerung, elektrischem Anschluß und Abnahme, Kosten pro Stellplatz ohne Rohbauarbeiten**					
		01	Hebebühne, schräg	**	069	St	**8450,00**	7322,00 9833,00
		02	Hebebühne, waagerecht	**	069	St	**14450,00**	12559,00 16567,00
		11	Verschiebeplatte	**	069	St	**13800,00**	10047,00 17369,00

Preisstand I/95 Index 221,8 (1976 = 100)

DIN 276	AK	AA	Bauteiltext	Lohn-anteil	LB-Nr.	Ein-heit	Preis DM	Preisspanne DM
494 *31995*	01		**Einzelgeräte demontieren, in Container laden und abfahren, incl. Gebühren**					
		01	Sanitäre Einrichtungsgegenstände	***	921	St	**110,00**	85,00 142,00
		02	Waschkessel	***	921	St	**170,00**	152,00 213,00
		11	Einzelöfen	***	921	St	**170,00**	152,00 213,00
		12	Heizkörper	***	921	St	**110,00**	100,00 137,00
		13	Elektrogeräte und -installationen	***	921	St	**33,00**	30,00 39,00
		21	Öltank Keller (ca. 1000 l)	***	921	St	**245,00**	208,00 395,00

Preisstand I/95 Index 221,8 (1976 = 100)

DIN 276	AK	AA	Bauteiltext	Lohn-anteil	LB-Nr.	Ein-heit	Preis DM	Preisspanne DM
510 *58000*	01		**Bodenbearbeitung, incl. notwendiger Vorarbeiten, Abfuhr des überschüssigen Bodens, incl. Gebühren und Planieren der Oberfläche**					
		01	Bodenaushub, 20 cm, lagern	*	003	m²	**21,00**	18,00 26,00
		02	Bodenaushub, 20 cm, Abfuhr	*	003	m²	**29,00**	26,00 36,00
		11	Mutterbodenabtrag, 20 cm, lagern	*	003	m²	**6,00**	5,00 10,00
		12	Mutterbodenabtrag, 20 cm, Abfuhr	*	003	m²	**10,00**	7,00 13,00
		21	Mutterbodenauftrag, vorh. Boden	**	003	m²	**10,00**	7,00 13,00
		22	Mutterbodenauftrag, mit Anfuhr	*	003	m²	**17,00**	10,00 23,00
		31	niedrigen Bewuchs roden/umgraben	***	003	m²	**12,00**	7,00 16,00
	11		**Pflanzarbeiten, incl. notwendiger Vorarbeiten und Lieferungen, für einfache Grünflächen und Wohngärten**					
		01	einfache Bepflanzung	**	004	m²	**35,00**	29,00 43,00
		11	gehobene Bepflanzung	**	004	m²	**50,00**	43,00 57,00
		21	aufwendige Bepflanzung	**	004	m²	**72,00**	57,00 87,00
	12		**Dachbepflanzung des Flachdaches, incl. notwendiger Vorarbeiten, Lieferung und Aussaat/Pflanzung**					
		01	Sedumaussaat, extensiv	**	004	m²	**8,00**	7,00 12,00
		02	Sedummatten, extensiv	**	004	m²	**59,00**	51,00 65,00
		03	Rollrasen, extensiv	**	004	m²	**12,00**	10,00 15,00
		11	Sedum-Pflanzung, intensiv	**	004	m²	**27,00**	23,00 33,00
		12	Pflanzung v. Gras u. Sträuchern, int.	**	004	m²	**51,00**	47,00 57,00

Preisstand I/95 Index 221,8 (1976 = 100)

DIN 276	AK	AA	Bauteiltext	Lohn-anteil	LB-Nr.	Ein-heit	Preis DM	Preisspanne DM
510 *58000*	13		**Dachbepflanzung des Steildaches, incl. notwendiger Vorarbeiten, Lieferung und Aussaat/Pflanzung**					
		01	Sedumaussaat, extensiv	**	004	m²	**9,00**	7,00 12,00
		02	Grasaussaat, extensiv	**	004	m²	**6,00**	5,00 10,00
		12	Pflanzung v. Gras u. Sträuchern, int.	**	004	m²	**55,00**	49,00 63,00
	15		**Pflanzarbeiten für Wandbegrünung, incl. notwendiger Vorarbeiten und Lieferung, Pflanzung ein- oder mehrjähriger Gerüstkletterer oder Selbstklimmer, jedoch ohne evtl. notwendige Rankgerüste und Kletterhilfen**					
		01	einfache Bepflanzung, H < 1 m	**	004	m	**43,00**	20,00 49,00
		02	gehobene Bepflanzung, H < 1 m	**	004	m	**56,00**	49,00 90,00
		11	einfache Bepflanzung, H < 2,5 m	**	004	m	**125,00**	81,00 173,00
		12	gehobene Bepflanzung, H < 2,5 m	**	004	m	**225,00**	173,00 292,00
	18		**Pflanzung von Bäumen, incl. notwendiger Vorarbeiten, Lieferung der Pflanze und Verankerung**					
		01	Stammumfang bis 20 cm	**	004	St	**610,00**	529,00 941,00
		02	Stammumfang bis 60 cm	**	004	St	**2950,00**	2565,00 3196,00
	21		**Rasenarbeiten, incl. notwendiger Vorarbeiten und Lieferungen, für einfache Grünflächen und Wohngärten**					
		01	Rasen einsäen und erster Schnitt	**	004	m²	**9,00**	7,00 12,00
		11	neuer Rasen aus Sodenplatten	**	004	m²	**17,00**	10,00 23,00
		21	vorhandenen Rasen beiarbeiten	**	004	m²	**3,00**	2,00 6,00

Preisstand I/95 Index 221,8 (1976 = 100)

DIN 276	AK	AA	Bauteiltext	Lohn-anteil	LB-Nr.	Ein-heit	Preis DM	Preisspanne DM
510 *58000*	51		**Versetzen von Bäumen Baum mit Wurzelballen an momentanem Standort ausgraben und an anderer Stelle wieder einpflanzen, incl. notwendiger Vor- und Nacharbeiten, Wurzelbehandlung und Abstützung**					
		01	Stammumfang bis 20 cm	***	004	St	**1020,00**	876,00 1261,00
		02	Stammumfang bis 60 cm	***	004	St	**4200,00**	3581,00 4703,00

Preisstand I/95 Index 221,8 (1976 = 100)

DIN 276	AK	AA	Bauteiltext	Lohn-anteil	LB-Nr.	Ein-heit	Preis DM	Preisspanne DM
520 *57000*	01		**Wege, Plätze, Kfz-Stellplätze, incl. notwendiger Vorarbeiten, Oberbeläge und Randanschlüsse**					
		01	Plattenbelag, nicht befahrbar	**	080	m²	**96,00**	80,00 105,00
		02	Plattenbelag, befahrbar	**	080	m²	**125,00**	113,00 140,00
		11	Betonverbundsteinpflaster, einfach	**	080	m²	**105,00**	95,00 119,00
		12	Betonverbundsteinpflaster, gehoben	**	080	m²	**155,00**	133,00 167,00
		13	Ziegelpflaster, befahrbar	**	080	m²	**98,00**	87,00 143,00
		14	Rasengittersteine, befahrbar	**	080	m²	**105,00**	85,00 132,00
		15	Rasenfugenpflaster	**	080	m²	**97,00**	83,00 141,00
		21	Natursteinpflaster	**	080	m²	**225,00**	193,00 255,00
		22	Natursteinpflaster, befahrbar	**	080	m²	**295,00**	257,00 319,00
		31	wassergebundener Belag	*	080	m²	**49,00**	33,00 58,00
		32	Schotterrasen	*	080	m²	**43,00**	37,00 49,00
		41	Asphaltbelag, befahrbar	*	080	m²	**78,00**	70,00 87,00
		51	vorh. Plattenbelag neu verlegen	****	080	m²	**105,00**	93,00 119,00
		52	vorh. Pflasterdecke neu verlegen	****	080	m²	**135,00**	122,00 150,00
		55	Plattenbelag/Pflaster aufnehmen	****	080	m²	**12,00**	9,00 15,00
		56	Asphaltbelag aufnehmen	****	080	m²	**17,00**	13,00 22,00
	05		**Begrenzungen, incl. notwendiger Vorarbeiten, Absenkungen, Bögen und Anschlüsse**					
		01	Bordstein, Beton	**	080	m	**61,00**	53,00 70,00
		02	Bordstein, Naturstein	**	080	m	**105,00**	90,00 119,00
		11	Einfassung, Betonstein	**	080	m	**36,00**	31,00 43,00
		12	Einfassung, Naturstein	**	080	m	**92,00**	80,00 96,00
		21	Muldenrinne, Betonstein	**	080	m	**61,00**	53,00 71,00
		51	Einfassungen u. Bordsteine aufnehmen	****	080	m	**12,00**	9,00 16,00

Preisstand I/95 Index 221,8 (1976 = 100)

DIN 276	AK	AA	Bauteiltext	Lohnanteil	LB-Nr.	Einheit	Preis DM	Preisspanne DM
530 *51000*	01		**Einfriedungen / Begrenzungen, incl. notwendiger Vorarbeiten, Fundamentierung, Pfosten, Befestigungen und Oberflächenbehandlung**					
		01	Maschendrahtzäune, H. = ca. 1,0 m	**	003	m	**67,00**	52,00 78,00
		02	Holzzäune, H. = ca. 1,0 m	**	003	m	**91,00**	63,00 100,00
		03	Hecken, H. = ca. 1,0 m	**	003	m	**92,00**	66,00 110,00
		11	Maschendrahtzäune, H. ca. 2,0 m	**	003	m	**83,00**	63,00 93,00
		12	Holzzäune, H. = ca. 2,0 m	**	003	m	**135,00**	100,00 163,00
		13	Hecken, H. = ca. 2,0 m	**	003	m	**155,00**	110,00 183,00
		21	Palisaden, H. = ca. 50 cm	***	003	m	**240,00**	199,00 283,00
		22	Betonwinkel, H. = ca. 50 cm	***	003	m	**190,00**	170,00 216,00
	11		**Außenmauern, Dicke ca. 24,0 cm, incl. notwendiger Vorarbeiten, Fundamentierung, Sichtverfugung oder Verputz und Abdeckungen**					
		01	Ziegelmauerwerk, einfach	**	012	m²	**610,00**	979,00 669,00
		02	Ziegelmauerwerk, Feldbrandsteine	**	012	m²	**760,00**	683,00 827,00
		11	Kalksandsteinmauerwerk	**	012	m²	**580,00**	528,00 627,00
		21	Formsteine, bepflanzbar	**	012	m²	**910,00**	812,00
	21		**Außentreppen-Stufen Breite ca. 1,00 m, Stufen mit Unterbau oder Laufplatte, incl. notwendiger Vorarbeiten und Oberflächenbehandlung**					
		01	Fertigstufen auf Erdreich	**	080	St	**340,00**	269,00 403,00
		02	Stahlbetontreppen	**	080	St	**300,00**	242,00 377,00
		03	Natursteinstufen	**	080	St	**410,00**	375,00 531,00

Preisstand I/95 Index 221,8 (1976 = 100)

DIN 276	AK	AA	Bauteiltext	Lohnanteil	LB-Nr.	Einheit	Preis DM	Preisspanne DM
530	22		**Geländer Höhe ca. 1,00 m, incl. notwendiger Vorarbeiten, Verankerungen, Handläufe und Oberflächenbehandlung**					
57000		01	Geländer, Stahl einf. Ausführung	**	031	m	**310,00**	269,00 337,00
		02	Geländer, Stahl gehob. Ausführung	**	031	m	**450,00**	403,00 471,00
		11	Geländer, Holz einf. Ausführung	**	027	m	**340,00**	308,00 363,00
		12	Geländer, Holz gehob. Ausführung	**	027	m	**470,00**	403,00 539,00
	31		**Ruhender Verkehr Baukonstruktionen zu PKW-Stellplätzen, incl. Gründung, Aufbau und Oberflächen**					
57000		01	Carport, 4-seitig offen	**	999	St	**4400,00**	4000,00 5000,00
		02	Carport, 2-seitig offen	**	999	St	**5500,00**	5000,00 6000,00
		11	Fertiggarage	**	999	St	**7600,00**	6500,00 8000,00
	51		**Zäune, Außenmauern instandsetzen, incl. notwendiger Vorarbeiten**					
51000		01	Zäune streichen	****	034	m^2	**17,00**	13,00 21,00
		11	Mauern, Putzflächen ausbessern	****	023	m^2	**80,00**	75,00 100,00
		12	Mauern, Sichtverfugung ausbessern	****	012	m^2	**45,00**	36,00 56,00
		13	Mauerwerk streichen	****	034	m^2	**31,00**	26,00 36,00
		15	Sichtmauerwerk hydrophobieren	****	034	m^2	**17,00**	15,00 18,00
		21	Mauerwerk dampfstrahlen	****	034	m^2	**16,00**	13,00 21,00
		22	Mauerwerk sandstrahlen	****	034	m^2	**27,00**	23,00 31,00
	61		**Außentreppen-Stufen/Podeste instandsetzen, Verstärkung des Unterbaus, beiarbeiten, beifugen, Oberflächenbehandlung**					
57000		01	Stahlbetonstufen	***	013	St	**215,00**	192,00 242,00
		05	Ziegelstufen	***	012	St	**190,00**	159,00 223,00
		06	Natursteinstufen	***	014	St	**225,00**	193,00 255,00

Preisstand I/95 Index 221,8 (1976 = 100)

DIN 276	AK	AA	Bauteiltext	Lohn-anteil	LB-Nr.	Ein-heit	Preis DM	Preisspanne DM
540 *45000*	21		**Außenanlagenbeleuchtung, incl. notwendiger Vorarbeiten und Elektroanschlüssen mit Zuleitungen**					
		01	Wandleuchten, einfache Ausführung	*	052	St	**135,00**	101,00 168,00
		02	Wandleuchten, gehobene Ausführung	*	052	St	**340,00**	270,00 403,00
		03	Stehleuchten, einfache Ausführung	**	052	St	**205,00**	168,00 270,00
		04	Stehleuchten, gehobene Ausführung	**	052	St	**400,00**	337,00 539,00

Preisstand I/95 Index 221,8 (1976 = 100)

DIN 276	AK	AA	Bauteiltext	Lohn-anteil	LB-Nr.	Ein-heit	Preis DM	Preisspanne DM
550 *54000*	01		**Müll- / Abfallbehälter, incl. notwendiger Vorarbeiten, Aufstellen und Einbauen**					
		01	für ca. 6 Wohneinheiten		080	St	**1720,00**	1425,00 2137,00
		02	für ca. 12 Wohneinheiten		080	St	**2850,00**	2137,00 3549,00
	11		**Sonstige Einbauten, incl. notwendiger Vorarbeiten, Aufstellen, Befestigen und Oberflächenbehandlung**					
		01	Fahrradständ., Felgenhalter, 5 Räder	*	080	St	**470,00**	406,00 545,00
		02	Fahrradständer, Bügel	*	080	St	**380,00**	317,00 412,00
		03	Fahrradständ., überdacht, f. 6 Räder	*	080	St	**3300,00**	2512,00 4222,00
		11	Pflanzkübel, ca. 0,5 m²	*	080	St	**405,00**	339,00 539,00
		12	Pflanzkübel, ca. 1,0 m²	*	080	St	**810,00**	679,00 943,00
		13	Rankgerüste, ca. 5 m²	**	080	St	**510,00**	446,00 549,00
		14	Sichtschutzwände, ca. 5 m²	*	080	St	**430,00**	343,00 523,00
		15	Schutzbügel f. Bäume	*	080	St	**305,00**	270,00 426,00
		16	Baumscheibe, Metall	*	080	St	**2250,00**	1710,00 2715,00
		21	Hinweisschild	*	080	St	**110,00**	88,00 153,00
		22	Werbeträger, ca. 2 m²	*	080	St	**460,00**	306,00 555,00
		23	Vitrine	*	080	St	**2400,00**	1763,00 3068,00
		25	Papierkorb, einfacher Standard	*	080	St	**430,00**	305,00 615,00
		26	Papierkorb, gehobener Standard	*	080	St	**670,00**	615,00 799,00
		31	Poller, einfache Ausführung	*	080	St	**560,00**	479,00 852,00
		32	Poller, gehobene Ausführung	*	080	St	**980,00**	852,00 1263,00

Preisstand I/95 Index 221,8 (1976 = 100)

DIN 276	AK	AA	Bauteiltext	Lohn-anteil	LB-Nr.	Ein-heit	Preis DM	Preisspanne DM
550 *54000*	12		**Sitz- und Spielgelegenheiten, incl. notwendiger Vorarbeiten, Aufstellen, Befestigen und Oberflächenbehandlung**					
		01	Bank, einfacher Standard	*	080	St	**740,00**	657,00 957,00
		02	Bank, gehobener Standard	*	080	St	**1230,00**	957,00 1336,00
		03	Stuhl	*	080	St	**430,00**	369,00 733,00
		04	Tisch	*	080	St	**610,00**	529,00 750,00
		11	Sandkasten, ca. 4 m²	*	080	St	**1220,00**	1010,00 1341,00
		12	Schaukel, 2 Schaukeln	**	080	St	**2000,00**	1618,00 2302,00
		13	Schwinger	**	080	St	**3050,00**	2745,00 3688,00
		14	Rutschbahn	**	080	St	**3350,00**	2693,00 4040,00
		15	Holz-Klettergerüst/Spielhaus	**	080	St	**7050,00**	5665,00 8978,00

Preisstand I/95 Index 221,8 (1976 = 100)

DIN 276	AK	AA	Bauteiltext	Lohn-anteil	LB-Nr.	Ein-heit	Preis DM	Preisspanne DM
610	01		**Schutzgerät, incl. Halterungen**					
41100		01	Handfeuerlöscher	*	942	St	**170,00**	146,00 228,00
		11	Leitern	*	942	St	**285,00**	243,00 322,00
	02		**Beschriftungen und Schilder, incl. Halterungen**					
41200		01	Raumbeschilderung, Orientierungs-tafeln	*	942	St	**170,00**	126,00 211,00
		11	Schilder ohne Beleuchtung	*	942	St	**570,00**	486,00 639,00
		12	Schilder mit Beleuchtung	**	942	St	**910,00**	787,00 1008,00
		13	Transparente	**	942	St	**2250,00**	1977,00 2565,00
	11		**Möbel**					
42000		01	Stühle, einfach		942	St	**100,00**	88,00 197,00
		02	Drehstühle		942	St	**225,00**	198,00 293,00
		03	Stühle / Sessel, gehoben		942	St	**335,00**	293,00 411,00
		04	Sitzgruppe		942	St	**570,00**	479,00 653,00
		11	Tische, einfach		942	St	**335,00**	293,00 588,00
		12	Tische, gehoben		942	St	**670,00**	588,00 850,00
		21	Regale, einfach		942	St	**600,00**	422,00 791,00
		22	Regale, gehoben		942	St	**910,00**	791,00 1256,00

Preisstand I/95 Index 221,8 (1976 = 100)

DIN 276	AK	AA	Bauteiltext	Lohn-anteil	LB-Nr.	Ein-heit	Preis DM	Preisspanne DM
710 *71000*	01		**Verwaltungsleistungen des Bauherrn in Form von Betreuung, Abrechnung, Organisation**					
		01	Betreuung lt. II. Berechnungsverord.	****	990	pau	**0,00**	

Preisstand I/95 Index 221,8 (1976 = 100)

DIN 276	AK	AA	Bauteiltext	Lohn-anteil	LB-Nr.	Ein-heit	Preis DM	Preisspanne DM
720 *71000*	01		**Bestandsaufnahmen durch Architekten und Ingenieure in Form von Begehungen und Begutachtungen der Bausubstanz und Sonderuntersuchungen**					
		01	Kurzbegehung	****	990	BGF	**2,50**	2,00 3,00
		02	technische Bestandsaufnahme	****	990	BGF	**5,00**	4,00 6,00
		03	maßliche Bestandsaufnahme	****	990	BGF	**5,00**	4,00 6,00
		04	verformungsgerechtes Aufmaß	****	990	BGF	**60,00**	33,00 98,00
		05	Bestandspläne	****	990	BGF	**8,00**	7,00 9,00
		06	Erfassung von Mieterdaten	****	990	BGF	**4,00**	2,50 4,50
		07	Maßnahmenkatalog	****	990	BGF	**11,00**	7,00 17,50

Preisstand I/95 Index 221,8 (1976 = 100)

DIN 276	AK	AA	Bauteiltext	Lohn-anteil	LB-Nr.	Ein-heit	Preis DM	Preisspanne DM
730 *72000*	01		**Planung und Bauleitung Architekten und Ingenieure Kosten nach HOAI**					
		01	Architekten	****	990	pau	**0,00**	
		11	Tragwerksplanung	****	990	pau	**0,00**	
		21	Haustechnik- Fachplanung	****	990	pau	**0,00**	
		31	Garten-/ Freiraumplanung	****	990	pau	**0,00**	
		41	sonstige Fachplanung	****	990	pau	**0,00**	
	02		**Technische Betreuung Architekten und Ingenieure**					
		01	Projektsteuerung	****	990	pau	**0,00**	
		02	Netzplantechnik	****	990	pau	**0,00**	
	03		**Bestandspläne nach Moderni-sierung Architekten und Ingenieure**					
		01	Bauzeichnungen	****	990	pau	**0,00**	
		02	Zeichnungen der Fachingenieure	****	990	pau	**0,00**	

Preisstand I/95 Index 221,8 (1976 = 100)

DIN 276	AK	AA	Bauteiltext	Lohn-anteil	LB-Nr.	Ein-heit	Preis DM	Preisspanne DM
740	01		**Bestandsgutachten, Fachingenieure in Form von Begehungen und Sondergutachten**					
71000		01	Gutachten, Haustechnik	****	990	BGF	**0,00**	
		11	Gutachten, Tragwerksplanung	****	990	BGF	**0,00**	
		21	Gutachten, Bauphysik	****	990	BGF	**0,00**	
		22	Gutachten, Geologe Baugrunderkundung	****	990	BGF	**0,00**	
		31	Gutachten, Schornsteinfeger	****	990	BGF	**0,00**	
		41	Baustoffuntersuchungen	****	990	BGF	**0,00**	
	02		**Vermessung Ingenieure oder Katasteramt**					
72000		01	Grundstücksvermessung	****	990	pau	**0,00**	
		02	Gebäudeeinmessung	****	990	pau	**0,00**	

Preisstand I/95 Index 221,8 (1976 = 100)

DIN 276	AK	AA	Bauteiltext	Lohn-anteil	LB-Nr.	Ein-heit	Preis DM	Preisspanne DM
760 *74000*	01		**Finanzierung Kosten für Finanzierung**					
		01	Disagio		990	pau	**0,00**	
		02	Bearbeitungsgebühren		990	pau	**0,00**	
		03	Bereitstellungszinsen		990	pau	**0,00**	
		04	Kosten für Beleihungsprüfung		990	pau	**0,00**	
	02		**Zinsen und Zwischenfinanzierung Kosten für Zinsen und Zwischen-finanzierung**					
		01	Vorfinanzierung		990	pau	**0,00**	
		02	Zwischenfinanzierung		990	pau	**0,00**	
		03	Zinsen während der Bauzeit		990	pau	**0,00**	
		04	Steuern/Abgaben für Bauzeit		990	pau	**0,00**	

DIN 276	AK	AA	Bauteiltext	Lohn-anteil	LB-Nr.	Ein-heit	Preis DM	Preisspanne DM
770 *75000*	01		**Behördliche Prüfung, Abnahme usw. Gebühren**					
		01	Gebühren Vermessung/Einmessung		990	pau	**0,00**	
		02	Gebühren für Baugenehmigung		990	pau	**0,00**	
		03	Gebühren für Prüfstatik		990	pau	**0,00**	
		04	Gebühren für Abnahmen		990	pau	**0,00**	
	11		**Baustellenbewachung Kosten, Honorar**					
		01	Einbruch/Diebstahl		990	pau	**0,00**	
		02	Witterungs-/Bauschäden		990	pau	**0,00**	
	21		**Bewirtschaftungskosten bis zur Ingebrauchnahme**					
		01	Beheizung		990	pau	**0,00**	
		02	Beleuchtung		990	pau	**0,00**	
		03	Instandhaltung/Säuberung		990	pau	**0,00**	
	31		**Sonstige Baunebenkosten**					
		01	Lichtpausen		990	pau	**0,00**	
		02	Fotokopien		990	pau	**0,00**	
		03	Porto/Telefon		990	pau	**0,00**	
		04	Fotografien		990	pau	**0,00**	
		05	Fahrtkosten		990	pau	**0,00**	

Preisstand I/95 Index 221,8 (1976 = 100)

DIN 276	AK	AA	Bauteiltext	Lohn-anteil	LB-Nr.	Ein-heit	Preis DM	Preisspanne DM
790 *75000*	01		**Mieter entschädigen durch Ausgleichszahlungen und Erfassung von Mietzins**					
		01	für Demontage von Mietereinbauten		990	pau	**0,00**	
		02	für Belästigungen in Kernbauzeit		990	pau	**0,00**	
		03	für Selbsthilfeleistungen		990	pau	**0,00**	
	11		**Ersatzwohnraum bereitstellen Kosten für Mieten, Überlassung**					
		01	unbelegte Wohnungen vorhalten		990	pau	**0,00**	
		02	Renovierung von Wohng. vor Bezug		990	pau	**0,00**	
		03	Wohncontainer		990	pau	**0,00**	
	12		**Mieterumzüge Kosten für Umzug**					
		01	Umzüge in Ausweichwohnungen		990	pau	**0,00**	
		02	Umsetzungen innerhalb des Hauses		990	pau	**0,00**	
		03	Umräumen v. Möbeln in Wohnungen		990	pau	**0,00**	
		04	Umzugsentschädigung		990	pau	**0,00**	
	13		**Mieterbetreuung Kosten für Betreuer**					
		01	Verwaltungskosten		990	pau	**0,00**	
		02	Kosten für Mieterinformation		990	pau	**0,00**	
		03	Kosten für Beratung u. Betreuung		990	pau	**0,00**	

Preisstand I/95 Index 221,8 (1976 = 100)

DIN 276	AK	AA	Bauteiltext	Lohn-anteil	LB-Nr.	Ein-heit	Preis DM	Preisspanne DM
790 *75000*	21		**Versicherungen Beiträge**					
		01	kombinierte Hausversicherungen		990	pau	**0,00**	
		02	Glasversicherungen		990	pau	**0,00**	
		03	Haus- und Grundbesitzerhaftpflicht		990	pau	**0,00**	
		04	Bauherrenhaftpflicht		990	pau	**0,00**	
		05	Hausratsversicherung		990	pau	**0,00**	
		06	Bauwesenversicherungen		990	pau	**0,00**	
		07	Unfall-, Transportversicherungen		990	pau	**0,00**	

Preisstand I/95 Index 221,8 (1976 = 100)

Bauteilkatalog, Altbau-Modernisierung
EGB München und Gruppe Haus- und Stadterneuerung Aachen
Verlag für Wirtschaft und Verwaltung H. Wingen, Essen 1983 und 1985

Bauteilkatalog zur Altbaumodernisierung
Forschungsauftrag des BMBAU BI5–800180–12
EGB München und Gruppe Haus- und Stadterneuerung Aachen, Schlußbericht vom 15. 9. 1982

Bauteilkosten in ökologisch orientierten Bauten
Heinz Schmitz, Maria Schilling, Maria Cohnen, Forschungsbericht LBB Aachen, Band 2.6 — 1989, Aachen 1991

Altbaumodernisierung im Detail
Heinz Schmitz, Jörg Böhning, Edgar Krings, Verlagsgesellschaft R. Müller, Köln 1989

Altbaumodernisierung — Konstruktions- und Kostenvergleiche
Heinz Schmitz, Ulli Meisel, Edgar Krings, Verlagsgesellschaft R. Müller, Köln 1984 (2., überarbeitete Auflage)

Erfahrungswerte zur Modernisierung städtebaulicher Problemsubstanzen
Heinz Schmitz, Ulli Meisel, Forschungsbericht Schriftenreihe des Landes NW, Band: 4.036, Dortmund 1983

Praxisinformation Energieeinsparung
Bearbeitet von der Bundesarchitektenkammer, Forschungsbericht Schriftenreihe des BMBAU Band: 04.093, Bonn 1983

Baukosten-Daten
Baukosten-Beratungsdienst der Architektenkammer Baden-Württemberg, Stuttgart 1983

Baukostenplanung mit Gebäudeelementen
Hannes Hutzelmeyer, Manfred Greulich, Verlagsgesellschaft R. Müller, Köln 1983

Baukostenrichtwerte — Anforderungen und Aussagewert
Heinrich, Th. Schmidt
Verlag für Wirtschaft und Verwaltung H. Wingen, Essen 1992

Althausmodernisierung — Praxisbezogene Anleitung
Heinz Schmitz, Ulli Meisel, Robert Fleischmann, Forschungsbericht Schriftenreihe des Landes NW Band: 3.019 I+II, Dortmund 1981 (2., unveränderte Auflage)

Kostenkontrolle per Computer
Walter Jendges, Artikel in „Deutsche Bauzeitschrift" 3/91

Modernisierungshandbuch für Architekten
Hermann H. Wiechmann, Forschungsbericht Schriftenreihe des BMBAU Band: 04.064, Bonn 1981

Steigerung des Wohnwertes und ihre Auswirkungen auf die Gebäudekosten
Karl-R. Kräntzer u.a., Institut für Bauforschung Hannover, Forschungsbericht Schriftenreihe des BMBAU Band: 04.009, Bonn 1975

Kostengliederung für Altbaumodernisierung
Hannes Hutzelmeyer, Adolf Spieß, Artikel in „Deutsche Bauzeitschrift" DBZ 6/82

Exakte Baukostenberechnung bei Modernisierung und Instandsetzung mit Hilfe eines Bauteilekataloges
Heinz Schmitz, Ulli Meisel, Artikel „Deutsche Bauzeitschrift" DB 8/82

Literaturverzeichnis

Instandhaltung und Modernisierung des Wohnungsbestandes
Schriftenreihe des Gesamtverbandes Gemeinnütziger Wohnungsunternehmen e.V. Köln, Heft 10, Hamburg 1978

Muß Bauen teuer sein?
Informations- und Fortbildungstagung der AK NW mit dem Minister für Landes- und Stadtentwicklung NW. Ergebnisbericht, Schriftenreihe des Landes NW, Band: 3.032. Dortmund 1982

Planen und Bauen im Bestand
Heinz Schmitz u.a., Forum-Verlag, Stuttgart 1989

Erhalt von Bauteilen
Heinz Schmitz, Dr. Norbert Stannez, Verlagsgesellschaft R. Müller, Köln 1991

Neue Kostenrichtwerte für das Planen und Bauen im Bestand
Heinz Schmitz, Artikel in „Deutsches Architektenblatt", DAB 11/89

Projekt: ______________________ Projektnr.: __________

Auftraggeber: ______________________ Stand: __________

Projektdaten	**A**	**B**	**C**
Beschreibung:			
Bautyp:			
Baujahr:			
Nutzfläche:			
Wohnfläche:			
__________ :			
__________ :			
Gewerbeflächen:			
Bezugsfläche:			
Zahl der WE:			
Zahl der GE:			
cbm Wohnraum:			
cbm Gewerberaum:			
cbm Nutzraum:			

Index: __________ Faktor: __________

Stand: __________

Anmerkungen: ______________________

Bearbeiter: ______________________

Massenerfassung — Bauteile

Projektnummer: ________ Projekt: ________________________________

Auftraggeber: ____

Bearbeiter: ____

Bearbeitungsdatum: ________________________________ Blatt: ________

DIN 276	AK	AA	Einh.	Preis	Menge A	Menge B	Menge C	KGN	Multi	Textergänzung

KGN: M = Modernisierung I = Instandsetzung Multi = Multiplikator

Abwasserinstallation	32 100
Allgemeine Baunebenkosten	75 000
Aufzugsanlagen, Förderanlagen	33 800
Außenanlagen	50 000
Außenfenster	31 312
Außenstützen, Tragkonstruktion	31 212
Außentüren	31 313
Außenwände, Tragkonstruktion	31 211
Außenwände, nichttragende	31 311
Bauausführung, besondere	35 000
Baugrube	31 111
Baugrundstück	10 000
Baugrundstück herrichten	14 000
Baunebenkosten	70 000
Baustelleneinrichtung	31 911
Bauwerk	30 000
Bauwerkssohle	31 123
Bauwerk, Bauwerksteile abbrechen	31 995
Beleuchtung	45 000
Beschriftungen, Schilder	41 200
Betriebliche Einbauten	34 000
Bodenbeläge	31 331
Dachbekleidungen, außen	31 342
Dachbekleidungen, innen	31 343
Dachbeläge	31 341
Dachöffnungen	31 344
Dächer, Tragkonstruktion	31 241
Deckenbekleidungen	31 333
Decken, Tragkonstruktion	31 231
Einfriedungen	51 000
Erschließung, nicht öffentliche	20 000
Fernmeldetechnik	32 600
Finanzierung	74 000
Fundamente	31 121
Geräte	40 000
Grünflächen	58 000
Heizungsinstallationen	32 300
Innenstützen, Tragkonstruktion	31 222
Innentüren	31 322
Innenwände, Tragkonstruktion	31 221
Lüftungsinstallationen	32 700
Möbel	42 000
Öffentliche Erschließung	21 000
Planung und Durchführung	72 000
Schutzelemente an Außenwänden	31 316
Schutzelemente an Dächern	31 345
Schutzelemente an Decken, Treppen	31 335
Schutzgerät	41 100
Sonstige Angaben	23 000
Sonstige Konstruktionen	31 991
Starkstrominstallationen/Blitzschutz	32 500
Trennwände	31 321
Treppenbekleidungen	31 334
Treppenbeläge	31 332
Treppen, Tragkonstruktion	31 232
Verkehrsanlagen	57 000
Vorbereitung von Bauvorhaben	71 000
Wandbekleidungen außen	31 314
Wandbekleidungen innen, Innenwände	31 323
Wandbekleidungen innen, Außenwände	31 315
Wasserinstallationen	32 200
Wirtschaftsgebäude, außen	54 000
Zusätzliche Maßnahmen	60 000
Zusätzliche Maßnahmen am Bauwerk	62 000

10 000 BAUGRUNDSTÜCK
14 000 Baugrundstück herrichten

20 000 ERSCHLIESSUNG
22 000 Nichtöffentliche Erschließung
23 000 Sonstige Abgaben

30 000 BAUWERK
31 111 Baugrube
31 121 Fundamente
31 123 Bauwerkssohle
31 211 Außenwände, Tragkonstruktion
31 212 Außenstützen, Tragkonstruktion
31 221 Innenwände, Tragkonstruktion
31 222 Innenstützen, Tragkonstruktion
31 231 Decken, Tragkonstruktion
31 232 Treppen, Tragkonstruktion
31 241 Dächer, Tragkonstruktion
31 311 Außenwände, nichttragende Konstruktion
31 312 Außenfenster
31 313 Außentüren
31 314 Wandbekleidungen außen
31 315 Wandbekleidungen innen, Außenwände
31 316 Schutzelemente an Außenwänden
31 321 Trennwände
31 322 Innentüren
31 323 Wandbekleidungen innen, Innenwände
31 331 Bodenbeläge
31 332 Treppenbeläge
31 333 Deckenbekleidungen
31 334 Treppenbekleidungen
31 335 Schutzelemente an Decken, Treppen
31 341 Dachbeläge
31 342 Dachbekleidungen außen
31 343 Dachbekleidungen innen
31 344 Dachöffnungen
31 345 Schutzelemente an Dächern
31 911 Baustelleneinrichtung
31 991 Sonstige Konstruktionen
31 995 Bauwerk, Bauwerksteile abbrechen
32 100 Abwasserinstallationen
32 200 Wasserinstallationen
32 300 Heizungsinstallationen
32 500 Starkstrominstallationen, Blitzschutz
32 600 Fernmeldetechnik
32 700 Lüftungsinstallationen
33 800 Aufzugsanlagen, Förderanlagen
34 000 Betriebliche Einbauten
35 000 Besondere Bauausführungen

40 000 GERÄTE
41 100 Schutzgerät
41 200 Beschriftungen, Schilder
42 000 Möbel
45 000 Beleuchtung

50 000 AUSSENANLAGEN
51 000 Einfriedungen
54 000 Wirtschaftsgegenstände, außen
57 000 Verkehrsanlagen
58 000 Grünflächen

60 000 ZUSÄTZLICHE MASSNAHMEN
62 000 Zusätzliche Maßnahmen am Bauwerk

70 000 BAUNEBENKOSTEN
71 000 Vorbereitung von Bauvorhaben
72 000 Planung und Durchführung
74 000 Finanzierung
75 000 Allgemeine Baunebenkosten

Kostengruppen nach DIN 276

April 1981

Juni 1993

Kostengruppen nach DIN 276 (Juni 1993)

100 BAUGRUNDSTÜCK
200 HERRICHTEN UND ERSCHLIESSEN
210 Herrichten
220 Erschließung
240 Ausgleichsabgaben
300 BAUWERK — BAUKONSTRUKTIONEN
310 Baugrube
311 Baugrubenherstellung
320 Gründung
322 Flachgründungen
324 Unterböden und Bodenplatten
326 Bauwerksabdichtungen
327 Dränagen
330 Außenwände
331 Tragende Außenwände
332 Nichttragende Außenwände
333 Außenstützen
334 Außentüren und -fenster
335 Außenwandbekleidungen außen
336 Außenwandbekleidungen innen
338 Sonnenschutz
339 Außenwände, sonstiges
340 Innenwände
341 Tragende Innenwände
342 Nichttragende Innenwände
343 Innenstützen
344 Innentüren und -fenster
345 Innenwandbekleidungen
346 Elementierte Innenwände
350 Decken und Treppen
351 Deckenkonstruktionen
352 Deckenbeläge
353 Deckenbekleidungen
359 Decken, sonstiges
360 Dächer
361 Dachkonstruktionen
362 Dachfenster, Dachöffnungen
363 Dachbeläge
364 Dachbekleidungen
369 Dächer, sonstiges
370 Baukonstruktive Einbauten
371 Allgemeine Einbauten
390 Sonstige Maßnahmen für Baukonstruktionen
391 Baustelleneinrichtung
392 Gerüste
394 Abbruchmaßnahmen
398 Zusätzliche Maßnahmen
399 Sonstige Maßnahmen für Baukonstruktionen, sonstiges
400 BAUWERK — TECHNISCHE ANLAGEN
410 Abwasser-, Wasser-, Gasanlagen
411 Abwasseranlagen
412 Wasseranlagen
420 Wärmeversorgungsanlagen
421 Wärmeerzeugungsanlagen
422 Wärmeverteilnetze
423 Raumheizflächen
430 Lufttechnische Anlage
440 Starkstromanlagen
444 Niederspannungsinstallationsanlagen
445 Beleuchtungsanlagen
446 Blitzschutz- und Erdungsanlagen
450 Fernmelde- und informationstechnische Anlagen
460 Förderanlagen
490 Sonstige Maßnahmen für Technische Anlagen
500 AUSSENANLAGEN
510 Geländeflächen
520 Befestigte Flächen
530 Baukonstruktionen in Außenanlagen
540 Technische Anlagen in Außenanlagen
550 Einbauten in Außenanlagen
600 AUSSTATTUNG UND KUNSTWERKE
610 Ausstattung
700 BAUNEBENKOSTEN
710 Bauherrenaufgaben
720 Vorbereitung der Objektplanung
730 Architekten- und Ingenieurleistungen
740 Gutachten und Beratung
760 Finanzierung
770 Allgemeine Baunebenkosten
790 Sonstige Baunebenkosten